除了速度，
5G还能带来什么

简播联创团队◎著

中国商业出版社

图书在版编目（CIP）数据

5G+：除了速度，5G还能带来什么/简播联创团队
著 .-- 北京：中国商业出版社，2020.12
ISBN 978-7-5208-1082-1

Ⅰ.①5… Ⅱ.①简… Ⅲ.①无线电通信—移动通信
—通信技术 Ⅳ.① TN929.5

中国版本图书馆 CIP 数据核字（2019）第 289861 号

责任编辑：杜　辉

中国商业出版社出版发行

010-63180647 www.c-cbook.com

（100053 北京广安门内报国寺 1 号）

新华书店经销

三河市长城印刷有限公司印刷

*

710 毫米 ×1000 毫米　16 开　13 印张　185 千字

2020 年 12 月第 1 版　2020 年 12 月第 1 次印刷

定价：48.00 元

****

前 言

打造产业"独角兽"的最佳机会

你想拥有一个会自动满足用户需求的系统吗？

你想成为像字节跳动一样估值将达千亿美元的"独角兽"吗？

你想减少研发成本，增效创造传奇吗？

那么，你需要用人工智能来架构你的产业智能网。

这是一本可能颠覆无数程序员甚至 CTO 思维模式的书；

这是一本可以让无数企业家不再担心技术研发拖业务后腿的书。

本书不仅讲述了 5G+ 所带来的机会，更讲述了能把握产业云机会的人工智能架构颠覆传统软件开发的"乐高模式"，让企业家们不再受制于开发部门，通过人工智能架构快速响应，将运营、业务、市场的能力真正释放出来，创造无限价值。

我们是一群来自互联网、物联网、大数据、云计算、人工智能、区块链、银行支付行业的资深老兵，课题组核心成员曾服务过银行聚合支付，均有 15 年以上项目实践经验。我们希望能给读者带来帮助，让读者少走弯路，在建立产业互联网的过程中，不要再犯我们曾经犯过的错误。虽然我们的文字表达能力一般，但还是希望我们的经验与忠告能帮助你成为产业智联网时代的超级"独角兽"。

"产业云"是产业智联网云平台的简称，"5G+ 产业云"是指产业智联网借助 5G 的特性，充分应用物联网 + 边缘计算 + 人工智能完成智能组网与建立生态的云平台模式。"5G+"时代，是打造新一代产业云超级智联网，帮助实体企业实现业绩倍增，进而打造产业"独角兽"的最佳机会。

"5G+产业云"其实就是万物智联催生产业关联多种技术融合发展的过程。在5G环境下，充分应用物联网+边缘计算+人工智能可以提供更好的产业智联网服务，进行更多的连接和应用，结合AI的图像识别、视频识别、语音识别、语意理解、智能匹配等功能提供更好的智能化感受。通过5G的超高速、低时延、大连接和低功耗等功能加快AIoT、IoT和物联网在产业上的应用，推动产业发展，进而形成打造产业"独角兽"的最佳时机。

如何才能建立一个最适配的产业云呢？

为了研究这个课题，我们共同组建了课题组，主要成员如下：

马兴彬，北京大学中国持续发展研究中心课题组组长，具有10年银行支付行业经验，阿里巴巴、腾讯等大型项目实操经验，参与多家百亿级生态链业绩平台的构建，著有《互联网+》等书。

白丹，课题组首席科学家，宾夕法尼亚州立大学博士，曾任美国Instep大中华区技术总监、美国BEA公司高级软件工程师。

卢涛，课题组首席产品官，高级软件架构师，曾担任腾讯团队战略经理、总监、华南城网副总经理等职。武汉大学计算机科学系毕业，7年全职软件开发经验，亲历腾讯从中小型企业发展为互联网巨头的全过程。

陈玉教，课题组研发专家，国防科技大学副教授，是电信动力电源与环境集中监控系统、老百姓大药房ERP、不良资产数据采集与处置规划、国防科大研究生教育管理信息系统等系统总设计师。

龚栋梁，课题组大数据与分布式存储科学家，毕业于华中科技大学，平安银行、招商银行等聚合支付系统技术服务商淘淘谷架构师。

熊坤，项目专家，毕业于武汉大学计算机科学与技术专业，曾服务于百度、360、谷歌、商动力（阿里渠道5年TOP1）等企业，拥有丰富的行业项目落地经验。

李亿豪，课题组营销专家，原中国电子商务协会移动物联网委员会主任，著有《互联网＋》《区块链＋》《让天下人轻松赚钱》等书。

阿牛，课题组运营专家，湖南科技大学自动化专业毕业，五模合一创始人，县域云5G产业智联网实战专家，是多个十亿级、亿级新零售品牌的幕后操盘手。

潘小伟，课题组法务专家，浙江大学经济学、法学双学士，具有丰富的企业上市挂牌运作经验，熟悉股份制集团财务运作体系，对企业重整重组、融资、银行间交易市场业务等复杂性财务体系有独特运营经验，拥有多家企业上市及并购重组经验。

总结课题组各成员的经验，我们认为，要想在"5G＋"时代建立一个产业最适配的产业云，需使用规则引擎、人工智能与机器学习架构——乐高架构。什么是乐高架构？就是乐高公司不需要知道孩子们要什么，只需生产各种标准化玩具构件，小朋友可以用此构件灵活快速地搭建自己想象中的作品。

要做到类似乐高的构件形式，产业云可按以下规则进行搭建：

第一，建立规则引擎层。这一层只做构件，所有构件包含软件构件与智能传感硬件构件之间是零耦合，不涉及任何产业的业务，不仅确保了构件的独立性与机动性，更确保了所有构件均能快速支持任何产业商业模式与运营模式的实现。

第二，建立产业规则层。这一层只做规则，不做任何代码开发。无论任何一种业务场景、商业模式或运营模式，全部使用拖动式的可视化规则来实现，所有规则均可通过人工智能与机器学习进行主动学习，得以不断优化、不断成长。如此一来，产业云就具备了超强的学习能力，可以实现类似抖音的智能推荐和功能匹配，聚焦客户需求，增强客户黏性。

第三，建立产业业务层。这一层主要是聚焦业务、运营、展示、活动的需求层，按市场的需要随时发生各种变化，每一个变化都能快速通过规则层完成适配并生成。例如，常规的客户需求满足流程要 24 小时以上，平台运营的复杂需求满足周期在 7~180 天之间。但是，当产业云人工智能与机器学习生态形成之后，理论上 10 秒内就能响应客户的需求，24 小时内就能响应产业平台运营的复杂需求。

在建设与运营过程中可以参考如下口诀进行落地：

一个中心：5G+ 产业云。

两个基本点：产业数据、产业货币。

三个层级：引擎层、规则层、业务层。

四个阶段：连接你、看到你、相信你、成就你。

五项全能：入口、互动、成交、结算、联盟。

六大流程：采集、筛选、转化、成交、升级、裂变。

七个密码：道、术、法、器、诀、临、态，其中：

道——复杂的问题简单化（总结规律）；

术——简单的事情流程化（形成规则）；

法——流程的问题标准化（标准化规则）；

器——标准的问题工具化（写入规则引擎）；

诀——工具的问题诀窍化（人工优化标签）；

临——诀窍的问题临摹化（启动人工智能机器学习）；

态——临摹的问题生态化（形成超级产业云）；

八大技术：5G+、物联网、云计算、边缘计算、分布式存储、区块链、人工智能、产业引擎。

九大系统：

1.产业大数据系统：建立产业数据平台，分析产业特性和价值，寻找产业机会，适配产业商业模式；

2.传感系统：为产业适配传感器、采集器、控制器，形成产业的智能云基础；

3.通信系统：适配网关、5G、蓝牙、Wi-Fi等通信方式，部署边缘计算、分布式存储等底层能力，形成产业云的智联通信、边缘计算与分布式存储能力；

4.接入系统：适配管理所有产业相关可接入设备与数据，形成智能产业云底层平台；

5.应用系统：适配产业应用，设计各类应用与服务场景，提供满足场景与服务需求的大数据、人工智能、进销存、供应链、数据可视化、数据分析、行为跟踪等各种产业应用；

6.商务系统：适配产业商务，提供直播、门店、商城等各类招商营销类工具；

7.联盟系统：适配产业关联资源，横向建立产业联盟，形成数据复用的产业联盟平台；

8.投融系统：适配产业资源、人才与渠道的融智、融资机制，建立资源、员工、代理渠道的清算系统与内部期权交易市场等；

9.资本系统：适配产业资本形成产业云平台的资本价值变现，进而有能力与资源支持产业云做大做强。

导 读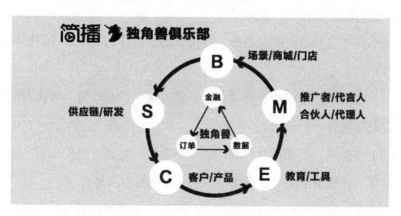

为了帮助读者更好地读懂读透本书，将本书的精华学为所用，可参考
如下内容：

一、掌握 5G+ 产业云架构图

任何一个先进的产业云，首先要能支持各种商业模式的落地，包括
但不限于逆向盈利、资源整合等主流或非主流商业模式。我们建设的产业
云一定要做到所有商业模式与运营策略都可以通过产业云快速地架构并
实施。

应用产业云架构，实现产业云商业模式落地的过程如下图所示。

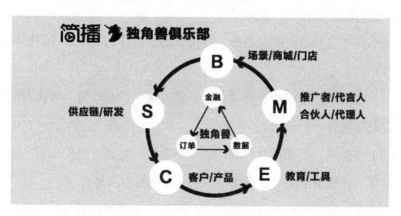

产业云平台的外围叫作"SBMEC"，是产业—平台—合伙—教育—客
户的简称，内围是"订单—数据—金融"的金三角，只要能拥有订单，累

积客户订单形成用户数据，善用数据形成金融价值，就有机会建立天、地、人三张网形成产业云，最终成为产业"独角兽"。

为了建立产业云的天、地、人三网，要先根据产业的不同进行9个层次的系统适配，具体如下。

（1）产业层：建立产业数据平台，分析产业特性和价值，寻找产业机会，适配产业的商业模式；

（2）传感层：为产业适配传感器、采集器、控制器，形成产业智能云基础；

（3）通信层：适配网关、5G、蓝牙、Wi-Fi等通信方式，部署边缘计算、分布式存储等底层能力，形成产业云的智联通信、边缘计算与分布式存储能力；

（4）接入层：适配管理所有产业相关可接入设备与数据，形成智能产业云底层平台；

（5）应用层：适配产业应用，设计各类应用与服务场景，提供满足场景与服务需求的大数据、人工智能、进销存、供应链、数据可视化、数据分析、行为跟踪等各种产业应用；

（6）商务层：适配产业商务，提供直播、门店、商城等各类招商营销类工具；

（7）联盟层：适配产业关联资源，横向建立产业联盟，形成数据复用的产业联盟平台；

（8）投融层：适配产业资源，人才与渠道的融智、融资机制，建立资源、员工、代理渠道的清算系统与内部期权交易市场等；

（9）资本层：适配产业资本模式，匹配产业资本资源与资本路径，形成产业资本价值。

以上是产业云建设的准备工作。

我们知道，未来的竞争是商业模式的竞争，因为好的商业模式可以实现产业云的价值最大化。那么如何才能实现产业云的价值最大化呢？

二、思考如何用产业云将产业卖出最大价值

我们通过产业云为你的产业设计了 5 个层次的商业模式，具体如下。

（一）卖产品的系统

第一个层次就是卖产品，简称"C"。换言之，过硬的产品或服务是产业云的标配。将好的产品或服务通过智能化形成更大价值或更强的服务能力，再把它卖出去，并且持续优化的过程就称为卖产品。

卖产业云产品的核心能力是表达能力与锁定能力，除了产品本身品质过硬之外，一定要表达到位，做到一次消费终身锁定。产品策划组把一款产品表达到最佳和极致是特别重要的，所以我们希望在销售时，实现产品推送的功能，在卖产品时能提供短视频＋、直播＋、积分＋、代言＋、优惠券＋、文章＋等能力。

通过优化表达形式的方式来提升产品的销售能力，那么产品被表达出来之后又通过引流机制把客户引进来，建立循环消费系统，让客户重复消费，通过红包、充值卡等优惠活动建立客户锁定机制，这是产业云 C 端要注重的工作。

总之，一个好的产业云在产品层面，就是把产品表达得更好，在产品销售出去之后让顾客能够循环购买，这就是在 C 机制上做到的系统优化。但要强调的是，产业云看中的是产品本身，如果产品本身不过硬，则再好的架构都不行。

（二）卖文化的系统

第二个层次叫卖文化，简称"E"，就是将产品赋予文化，加入文创的

元素，让产品成为文化的载体。具备文化销售力的产品就有了文化价值，那么通过文化价值的塑造，顾客买的其实是文化价值，而不仅仅是产品本身，这时产品就能卖出更好的价格。

每一个产业及其背后的链条都有相应的文化意义，而这个文化只有被客户认同，才能形成文化价值，赋予品牌IP效应。而要实现这一目标，就要不断训练团队，教育客户。在训练团队的过程中，企业要培养意见领袖，形成影响客户的超级IP。

同时，企业要具备教育训练方面的负责人，我们通常称其为商学院院长，未来任何一家企业都是教育训练的企业，所以，一定要注重商学院院长的培养。整个产业云架构为教育培训文化塑造提供了直播、点播、社群、话题等功能，包括推广矩阵的辅助工具，如短视频+、海报+、文章+等，所有的链接都可以通过这些工具推广出去，然后依托讲师和教育系统的支持，形成有效的平台。基于产业云，可以建立多个商家，每个商家、每个企业都可以建立成百上千个直播间和短视频，一起完成教育、客户训练团队的过程。简言之，拥有产业云，就相当于拥有了一个属于自己企业的抖音、快手、淘宝等平台。

当产品被赋予文化价值后，就不再是单纯的产品了。文化价值的作用是非常大的，希望企业一定要重视文化推动新经济的力量。例如：

我曾经参与过一个卫生巾产品的项目，如果单纯只是做卫生巾的话，产生的效益很有限，但当卫生巾被赋予了母爱的意义，保护母亲、关爱母亲，那么其价值就不可同日而语了。据悉，该项目仅三年就突破了百亿元销售额。其中很重要的一个原因就是文化的价值，消费者买的不是卫生巾，买的是对母亲的爱，这个销售力是完全不一样的。

（三）卖机会的系统

第三个层面叫作卖机会，简称"M"。为什么叫卖机会呢？因为产品背后没有机会的话，其发挥的动力是很有限的，没办法进行裂变。换言之，这是一个非常重要的模型，即合伙人机制，这是想要做大产业云必须要走的一步。

关于机会，全中国乃至全世界的人都在寻找机会。因为每个人都在不断地寻找更好的机会，如果产业云只是单纯地卖产品、卖文化，很多时候还不足以打动别人。这就是为什么微商或社交电商特别流行，其核心原理就在于产品背后的机会。这个产品很好，但跟我有什么关系呢？如果我只是消费者，购买与转介绍动力是不够的。我们经常讲，如果买面膜只是为了用，那么它的销售量是很低的，但如果把这个面膜从"用"变成"卖"，消费者变成了消费经营者和使用代言人，那么它就有可能变成几十个亿的消费的市场，这是完全不同的。能做大的产业云后面一定是有机会的，是能够让更多人参与的。

我们在这里设计了 6 个产业云的机会模型：分享、分销、分红、经销商、项目和区域。

（1）分享。主要就是我帮助你推广，完成多少分享，有多少分享效果。所以分享的机会模型比较简单，类似于广告动作。分享的目的在于让更多人认同这个品牌。

（2）分销。分销机制原则上只保留两级，不要做到第三级。因为一级分销是标准的零售；二级分销直接与消费者建立联系，使得原本支付给平台的流量费转变成利润直接让利消费者；三级分销和相关政策相悖，是需要规避的。

（3）分红。针对有突出贡献的人，将公司整体的利润分给他们，就是分红模型。

关于分红，我们的系统能够做到千人千面，为每一个人独立制订分红计划。在分红模型中，可以考核被分红对象的各项贡献指标。

（4）经销商。就是在某一区域和领域只拥有销售或服务的单位或个人。即经销商具有独立的经营机构，拥有商品的所有权。

通俗地说，经销商是指从企业进货的人。他们买货绝不是自己用，而是转手卖出去，他们只是充当了中间人的角色，关注的是利差。

产业云架构为了完成这种级差，为所有的经销商都设立了独立的门店与商城系统。你拥有自己独立的门店与商城，自己独立地在银行开户收款，在自己的门店与商城里，你可以分析、检查、管理所有的业务人员，也可以对自己所有的客户进行单独奖励。这种独立结构是产业云架构独有的。

而每一个经销商都可以成为一个独立法人，甚至个人也能进行独立结算，因为是独立收款运行的。这是产业云架构独有的，目前国内还没有一个系统有这么强大的功能。

此外，任何一个经销商，都可以建立并管理自己的团队，形成自己的行为数据，自己来开拓市场。这意味着，成为经销商就成了一个非常强大的经营体。

（5）项目的合作。针对平台供应链上的几种产品或几个单项形成独立的项目部，进行独立合作，产生项目合伙人，按项目产生的业绩进行独立结算。

（6）区域合作。作为一个集团公司，可以把全国做成省代、市代、区（县）代，然后下面是大量的经销商。而这些经销商的流水以及招商奖励订单都可以由省代、市代、区（县）代进行分配，这样就能够完成全国区域的大营销计划，也称为"卖地皮"，开设产业云的"地产公司"。

此外，我们还可以对每一个区域进行再次细分，每一个区域的代理商，都可以按照区域结算利润。这样，通过合伙人整合系统，就能够把机会卖到极致。

而支撑整个合伙人机制的就是卖机会系统，通过行为数据中心，集团总部能够监管所有的行为数据。通过对行为数据进行监督和管理，能够有效推动整个营销系统或整个合伙人机制的全面、协调运行。

卖机会之后，要想让产业云永续经营，让机会落地，靠什么？一定是靠数据化的平台。平台越完整、越全面，数据越多，平台的价值就越大。什么叫平台？平台的核心能力一定要形成一个完整的接触网，有效连接所有在线客户和合伙人。

（四）卖平台的系统

第四个层次叫卖平台，简称"B"。今天如果你只有一个机会，没有办法建立产业联盟，实现数据复用，形成循环消费，那么你的这个机会就是没有根基的。所以到第四个层次的时候，你要构筑的是一个数据复用的产业联盟平台。

通过一个平台能够建立线下接触网，实现公域流量到私域流量的转化，实现同一客户的一次到 N 次变现；通过平台能够让所有客户形成一个实时在线接触网，把这个接触网构筑成功之后，产业云平台的价值就产生了。

从公域获取流量，形成私域流量池，经营流量持续变现，是一切商业经营的根本。

流量的本质是广告思维，比如花钱在各大流量平台投放广告，从而快速带来订单，这是一种天然的采购行为，更适合那些具有规模性、垄断性的平台级公司，中小企业不一定能投资那么多钱进行长期操作。

学习用流量池思维、运营思维，将流量存储起来，让这些流量留存在自己的平台中，借助公众号、个人微信、微信群、社群、直播间及 App 等形成在线触点，最重要的是留存在自己的私域流量系统中形成天天在线，然后通过反复的高频互动带动用户的转化和裂变增长，从而打造出自己的流量变现闭环流程，这是产业云做营销的必修课。

在产业云平台系统里面，要把私域流量应用到极致，所以整个平台系统一定是作为产业云的超级私域流量池系统。

接下来我们来看看，在产业云架构里面为每一个平台准备了哪些平台工具。

第一，公众号。公众号有服务号和订阅号，服务号用来深度服务客户，订阅号用来做资讯和文章的推送。产业云要建立自己的公众号矩阵，以拦截所有关联的公域流量。

第二，直播是通过多直播室形成矩阵。"独角兽"平台下有众多的企业，每个企业有众多的门店，每个门店有众多的直播室，每个直播室下有众多的话题，这样就形成了一个内容的矩阵。

第三，短视频＋提供超级的短视频库，让产业云每个产品都能在这里发布足够多的短视频，能够瞬间用别人和自己的短视频形成营销矩阵。

第四，为所有的产业云建立线上商城。不仅如此，还能够为每个经销商建立主商城。批发之后形成自己的零售商城，这样就有了主商城和经销商的商城。

第五，为每个经销商建立线下门店，即每个经销商都可以开线下体验店。通过线下体验店甚至家庭工作室，形成线下门店矩阵。

第六，形成一个让客户、会员实时在线的互动App。通过产业云架构提供的互动App，形成客户在线和App入口端。App内建立了产业云广场和产业云商城，并为其提供推广素材库，更重要的是还能为产业云发放出去的积分与分红提供准确的到达通知，能够完成客户活性与客户在线的建立。

同时为产业云方、为每个门店以及经销商都建立了独立的商家端App。

第七，为产业云平台建立首页，就是产业云精华内容的会聚中心，起到超级名片的作用。这样每个人都可以转发超级名片吸粉与介绍自己，通过超级名片让每个人都能变成招商高手。

第八，建立异业商城。所有的产业云经销商都可以和异业构筑成线上联盟商城，构筑一个客户线上卖千遍的体系。

第九，建立异业联盟。所有的产业云门店都可以和异业构筑成线下联盟，构筑一个客户线下卖千遍的体系。

第十，数据化银行。为整个平台体系建立自己的数据化银行，将积分系统、充值卡系统、佣金发放系统、会员系统进行集成，包括行为数据中心，以形成有效的产业云数据化银行平台。

如果你过去惊叹于京东、淘宝、拼多多的神奇，那么我们现在做的就是让你拥有一个属于自己产业云的京东、淘宝、拼多多，你自己就是一个超级平台。

当平台有足够多的用户进来，它的价值就会越大，通过平台输出就能塑造平台价值，而平台价值的有效变现，就是把平台卖出去。

（五）卖产业的系统

第五个层次叫卖产业，简称"S"。当平台卖完之后我们还能卖什么？卖产业链。为什么卖的是产业链？因为整合供应链之后，就可以把现有的固定资产数据化和证券化，实现产融结合。这个时候，实体的资产就能够盘活形成货币机制。

至此，相信大家就明白了为什么我们建议做产业智联网的企业家，如果要设计产业云的架构，从上到下叫SBMEC，反之就是CEMBS，是双向执行的落地过程。

换言之，产业云架构是通过SBMEC五大模式来构建产业云的价值变现体系的。

前文讲到，我们把产品、文化、机会、平台卖到极致，再上一层，我们把产业卖到极致。通过应用 5G+AIoT 的各种新能力，基于人工智能架构设计产业相关的智能化应用，当产业智能化完成之后，品牌很容易就会形成自己的核心竞争力。

很多工厂的产业往往都是固定资产，这在目前的经济环境下是很危险的。为什么？因为它很难将资产变现，如果没有进行有效整合，产融形不成生态，那么它就很难发挥其价值作用。

我们的这套机制，能够实现客户端精准到达生产端（C to S），进行定制或预售制生产。这种生产是极度安全的，因为其所有的重资产都变成了价值，实现了固定资产的证券化和货币化。通过供应链整合系统，借助流水分红模式，转化为供应链合伙人，供应链可独立查看订单、发送快递，形成自主发货系统，选品组通过组合各种不同的供应链，就可以把爆款、留存、利润品都组合出来。最重要的是把那些原来投资巨大的重资产，在产、销、融一体化之后，由劣势变成优势，被释放出来变成固定资产并货币化，实现销售的目的。所以这时候产、销、融就变得很有价值了。

综上，我们可知，如果一个项目能够经过从卖产品、卖文化、卖机会、卖平台到卖产业这五轮的销售，形成有实体支撑、有支付共识机制的"独角兽"，那个项目基本上都能达到十亿级甚至超百亿级的价值。

例如：可以使用产业云完成智能鱼缸产业的升级，形成智能鱼缸产业"独角兽"。可以使用产业云完成智能售货机产业的升级，形成智能售货产业"独角兽"。可以使用产业云完成大健康产业的升级，形成健康云产业"独角兽"。可以用产业云把一个超级产品延伸成产业链做出百亿级的价值，也可以用产业云把区域产业经济做到极致，将区域产业链中无法盘活的重资产重新盘活。

最近在与一些地方领导交流的时候，常听到他们说："哎呀，我们去抖音做直播，为什么后来就持续不了？"我说："非常简单，因为没有自己私域流量的直播就是在作秀。"作秀没有用，想把当地的产业链做成功，就要依靠一套完整的产业云体系。

最近也在跟一些品牌企业的负责人聊天，他们说："哎呀，我们的品牌很难实现突破。"我说："对。当然很难突破，因为你们在做的过程中，基本上是头痛医头，脚痛医脚。你们要踏踏实实地去把自己品牌的数据生态链建立起来。"

品牌如果没有建立自己的独立产业链，那么是不会长远的。换言之，很多人做的都是一次性买卖，这样又怎么可能发展成为可持续的事业呢？

单纯卖产品的时代已经过去了，今天我们要通过产业云建立一套可持续、可循环、可发展的产业链。好产品，是根基，没有好产品，所有东西都是扯淡。但我们的思维和模式，一定要从卖产品时代转变成经营客户、建立社群的时代，其核心就是让所有人都变成实时在线的利益共同体。这也就是产业云机制。

三、你要选择什么样的思维

一个产业能不能使用产业云获得成功，取决于领导者的眼光。

用过去的眼光看现在，不可思议；

用现在的眼光看现在，困难重重；

用未来的眼光看现在，一切皆有可能。

最后把我们二十年来服务银行、阿里、腾讯及众多百亿级企业的经验总结成 6 幅人工智能产业云架构图，供参考。

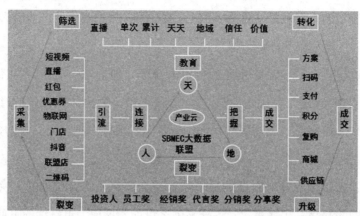

图1

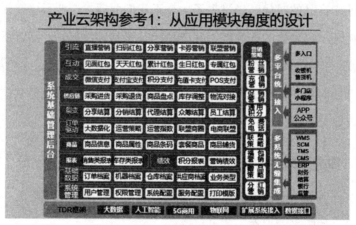

图2

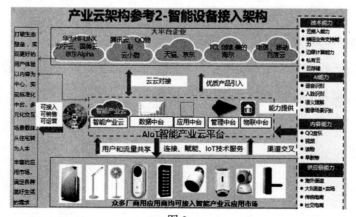

图3

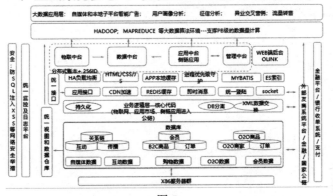

图 4

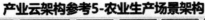

图 5

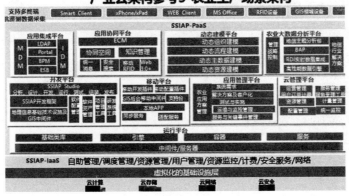

图 6

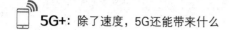

希望这些产业云架构图，能帮助你实现 5G 时代的产业升级转型。

我们的梦想是相信创造价值，与产业"独角兽"共腾飞。

希望我们能够为实现"振兴实体，强我中华"的中国梦做一些贡献。

目 录

1

第七章
5G在20个行业的应用前景展望

第八章
世界5G看华为：通往5G成功之路的先行者

第九章
5G商用在简播：创造5G.3D三维互联网传奇

第一章
移动通信发展史：
1G、2G、3G、4G、5G

移动通信技术和设备经历了 1G、2G、3G、4G、5G 不同的发展时代，不仅体现了移动通信技术和设备的进步，更反映出其在世界主要国家的不同发展情况。了解 1G 至 5G 的产生、标准、特点及发展状况，对于我们深入理解当下方兴未艾的 5G 及其应用无疑是必要的。

1G语音时代：模拟语音呼叫

第一代移动通信1G系统诞生于20世纪70年代末80年代初，源于系统容量问题。1G是移动通信的发起者，是基于模拟技术的蜂窝移动电话系统。

蜂窝移动电话系统的概念和理论起源于美国。1971年12月，美国电话电报公司AT&T向联邦通信委员会FCC提交了蜂窝移动服务提案。1978年，美国贝尔实验室成功开发出世界上第一个移动蜂窝电话系统AMPS。1982年，AMPS获得了FCC的批准，将824~894 MHz（兆赫兹，波动频率单位之一）的频谱分配给官方商业运营。1G移动通信的最大速度是2.4kbps（千比特每秒，也称为千比特速率，它指的是数字信号的传输速率，即每秒传输多少千比特的信息。它也可以缩写为kb/s）。

1G技术标准包括AMPS、TACS、NMT、C-Netz、C-450、Radiocom2000、RTMS、NTT。其中，AMPS是一种在800MHz频段运行的先进移动电话系统，广泛应用于北美、南美和一些环太平洋国家；TACS是一种工作在900MHz频段的总接入通信系统，分为欧洲ETACS和日本JTACS；NMT是一个工作在450MHz频段、900MHz频段的系统，用于瑞士、荷兰、东欧和俄罗斯；C-Netz是一个运行在450MHz频段的系统，用于德国、葡萄牙和奥地利；C-450基本上和C-Netz一样，它于20世纪80年代部署在南部非洲；Radiocom2000是一个工作在450MHz频段、900MHz频段的系统，在法国使用；RTMS 是一个运行在 450MHz 频段的系统，在意大利使用；NTT 分为 TZ- 801、TZ-802 和 TZ-803 三个标准，高容量版本称为 HICAP。

1G 技术的显著特点是模拟语音呼叫，因而 1G 时代可称为语音时代。1G 移动通信技术存在许多缺点，例如机密性差、系统容量有限、频率利用率低、设备成本高、体积和重量大等。由于传输带宽的限制，因而只有语音通信，不能访问互联网，即不能在国际上漫游，只能是区域移动通信系统。作为"移动电话"而不能国际漫游，这无疑是一个突出的问题。

1G 系统虽然并不区分移动、联通和电信，但却有着 A 网和 B 网之分，而在这两个网背后就是主宰模拟语音时代的爱立信和摩托罗拉。在当时的中国，由于处于发展移动通信产业初期，爱立信和摩托罗拉这两大主打产品的成功介入，使得这两大公司在中国后来的移动通信市场中牢牢地站稳了脚跟。

2G文本时代：数字语音传输

第二代移动通信 2G 系统出现在 20 世纪 80 年代末 90 年代初，由欧洲发起，源于漫游问题。

1982 年，欧洲电信管理局开始为泛欧国家制定电信服务规范，并建立了一个名为 GSM（即全球移动通信系统，Global System for Mobile Communications，GSM）的组织，该组织是欧洲电信标准协会（European Telecommunications Standards Institute，ETSI）的一部分，制定相关标准和建议书。1991 年，全球移动通信系统 GSM 投入使用，当时的网络速度仅为 9.6Kbps。

2G 的技术核心是数字语音传输。2G 移动通信技术无法直接传送如电子邮件、软件等信息，只具有通话和一些如时间日期等传送的手机通信技术规格。诺基亚、摩托罗拉、爱立信是 2G 时代的经典代表。

2G 技术标准包括 GSM、IDEN、IS–136（D–AMPS）、IS–95（CDMAOne）、PDC 等。其中，GSM 是全球移动通信系统，源于欧洲；IDEN 是美国独有的系统，被美国电信系统商 Nextell 使用；IS–136（D–AMPS）是美国最简单的 TDMA 系统，用于美洲；IS–95（CDMAOne）也是 CDMA 系统，用于美洲和亚洲一些国家；PDC 仅在日本普及。

2G 时代的显著特征是数字化传输文本信息。2G 摆脱了 1G 时代模拟技术的缺陷，有了跨时代的提升，具备高度的保密性，系统的容量也增加了。与此同时，从 2G 时代开始，手机也可以上网了，不过人们只能浏览一些文本信息。

事实上，移动通信技术的每一次发展都会直接影响到移动通信设备的更新。当移动通信技术从 1G 升级到 2G 时，手机也进行了重大升级。第一款支持 WAP（无线应用协议，是一项全球性的网络通信协议）的手机是 1999 年问世的诺基亚 7110，标志着手机上网时代的开始。伴随着 1989 年 GSM 统一标准的商业化，欧洲起家的诺基亚与爱立信开始攻占美国和日本市场，10 年之后，诺基亚成为全球最大的移动电话商。

随着新的通信技术的成熟，我国也进入了 2G 的通信时代。1993 年 9 月 19 日，我国第一个数字移动电话通信网在浙江省嘉兴市开通。1994 年，2G 实验测试网络落地杭州，原邮电部部长吴基传随后拨打全球移动通信系统电话，体验了一把 2G 的感觉。至于国内"三大运营商"，它们最早都属于邮电局，后来经几次拆分、合并，才有了成立于 2000 年 4 月 20 日的中国移动、成立于 2000 年 7 月 10 日的中国电信，以及合并组建于 2009 年 1 月 6 日的中国联通。

3G图片时代：影像电话和大数据传送

第三代移动通信3G系统出现在20世纪90年代中后期，源于多媒体业务传输问题。在当时，由于人们对移动网络的需求不断加大，以及2G在发展后期暴露出来的FDMA（频分多址）的局限，发展新的移动网络，以解决新的频谱、新的标准、更快的数据传输的问题，成为当时移动通信的首要课题。

1995年，美国推出了窄带CDMA（码分多址）移动通信系统，该系统采用扩频通信技术，大幅度增加信道宽带。实践证明，CDMA移动通信系统具有频率规划简单、系统容量大、频率复用系数高、抗多径能力强、通信质量好、软容量、软切换等优点，具有很大的发展潜力。2001年，3G商用网络开通。

3G移动通信的传输具有高频宽和稳定的特点，其影像电话和大量数据的传送逐渐普遍，使得移动通信有了更多样化的应用。因此，3G移动通信技术被视为开启通信新纪元的重要关键。而支持3G网络的平板电脑也是在这个时候出现，苹果、联想和华硕等推出了一大批优秀的平板电脑产品。

3G技术标准包括WCDMA、CDMA2000、TD-SCDMA、WiMAX。ITU（国际电信联盟，简称国际电联或电联）于1998年发布了官方第三代移动通信3G标准IMT-2000（国际移动通信2000标准），IMT-2000自此成为第三代移动通信技术 3G 正式的官方名字。2000 年 5 月，ITU 确定欧洲的 WCDMA、美国的 CDMA2000、中国的 TD-SCDMA 三大主流无线空中接口标准。2007 年，WiMAX（全球互通微波访问）成为 3G 的第四大技术标准。在这四个技术标准之中，WCDMA 基于 GSM 发展而来，欧洲与日本提出的宽带 CDMA 基本相同并进行了融合；CDMA2000 是由窄带 CDMA（CDMAIS95）技术发展而来的宽带 CDMA 技术，美国高通北美公司为主导提出，摩托罗拉、Lucent 和韩国三星都有参与，但韩国成为该标准的主导者；TD-SCDMA 是中国原邮电部电信科学技术研究院（大唐电信）于 1999 年 6 月向 ITU 提出的，但技术发明始于西门子公司；WiMAX 又称为 802.16 无线城域网，由 WiMAX 论坛提出并于 2001 年 6 月成形，是又一种为企业和家庭用户提供"最后一英里"的宽带无线连接方案。3G 标准虽然有很多家，但都是 CDMA 移动通信系统的重要组成部分。

3G 系统为多功能、多业务和多用途的数字移动通信系统，是在全球范围内覆盖和使用的。作为无线通信与互联网等多媒体通信相结合的第三代移动通信技术，3G 最大的特点是其超越了手机所依赖的无线通信技术，实现了手机与电脑的融合，使手机成为新的"个人通信终端"。

日本是世界上 3G 网络起步最早的，2000 年 12 月，日本以招标方式颁发了 3G 牌照；2001 年 10 月，日本最大的移动通信运营商 DoCoMo 开通了世界第一个 WCDMA 服务。我国在 3G 时代也在发展，在 2009 年 1 月 7 日颁发了 3 张 3G 牌照，分别是中国移动的 TD-SCDMA、中国联通的 WCDMA 和中国电信的 WCDMA2000。其中，中国联通拿到的 WCDMA 牌照是最成熟的 3G 牌照，联通随即在 7 个城市进行 WCDMA 试验，首批 WCDMA 试验网络开始在内部测试。

4G视频时代：满足用户对无线服务的要求

第四代移动通信 4G 系统产生于 21 世纪初，源于高质量多媒体业务传输问题。由于 3G 不能满足人们对无线服务的进一步需求，而 4G 系统则可将上网速度提高到超过 3G 移动技术的 50 倍。4G 系统具备速度更快、通信灵活、智能性高、高质量通信、费用便宜的特点，并能够满足几乎所有用户对于无线服务的要求。

4G 技术标准包括 LTE、LTE-Advanced、WiMAX、WirelessMAN-Advanced。其中，LTE 改进并增强了 3G 的空中接入技术，采用 OFDM 和 MIMO 作为其无线网络演进的唯一标准；LTE-Advanced 是 LTE 技术的升级版，正式名称为 FurtherAdvancementsforE-UTRA，如果将 LTE 作为 3.9G 移动互联网技术，那么将 LTE-Advanced 作为 4G 标准则更加确切一些；WiMAX 的另一个名字是 IEEE802.16，其技术起点较高，能提供的最高接入速度是 70M，这个速度是 3G 所能提供的宽带速度的 30 倍；WirelessMAN-Advanced 是 WiMAX 的升级版，即 IEEE802.16m 标准，802.16m 最高可以提供 1Gbps（交换带宽，是衡量交换机总的数据交换能力的单位。G 是容量单位，bps 是速率单位。一般的交换机的背板带宽从几 Gbps 到上百 Gbps 不等）无线传输速率，还将兼容未来的 4G 无线网络。

韩国、日本、美国、中国以及欧洲国家在 4G 领域的发展较快。韩国在 4G 领域走得最快，其三大电信运营商 SKT、KT 和 LGU+ 从 2011 年开始部署 LTE4G 网络。日本的情况跟韩国差不多，尽管日本 4G 的发展并未引起运营商结构的变化，但它却成就了极为繁荣的移动互联网市场。美国最大的移动运营商 Verizon 选择的是 LTE，初期布局上百个城市，在后期向 LTE–Advanced 演进；第二大移动运营商 AT&T 采取 HSPA+ 和 LTE 技术并驾齐驱的方式来跟上发展步伐；第三大移动运营商 Sprint 后来也开始制定 LTE 战略。欧洲和美国类似，大多数网络标准都是针对 WiMAX 和 LTE 而选择的。21 世纪初，中国的 4G 领域开始发生巨大变化，取得了突破性进展。2013 年 12 月，工业和信息化部在其官方网站上宣布将向中国移动、中国电信和中国联通颁发 "LTE/ 第四代数字蜂窝移动通信业务（TD–LTE ）"经营许可证，国内移动互联网的网速至此达到了一个全新的高度。

5G物联网时代：移动互联网和物联网的场景应用

第五代移动通信5G系统在当下方兴未艾，源于移动数据需求问题。5G的性能目标是高数据速率、减少时延、节省能源、降低成本、提高系统容量和大规模设备连接。

5G网络速度更快、覆盖更广、低功耗、低时延、应用领域更广泛，并且能够实现系统的协同化、智能化。凭借这些特点，5G的应用前景将更多地体现在移动互联网和物联网（Internet of Things，IoT）两个方面：

在移动互联网方面，5G将满足人们在居住、工作、休闲和交通等各种领域的多样化业务需求，即使在密集住宅区、办公室、体育场、露天集会、地铁、快速路、高铁和广域覆盖等具有超高流量密度、超高连接数密度、超高移动性特征的场景，也可以为用户提供超高清视频、云桌面、在线游戏，以及VR（Virtual Reality的缩写，虚拟现实，又称灵境技术，虚拟和现实相互结合）、AR（Augmented Reality的缩写，增强现实，虚拟信息与真实世界巧妙融合的技术）等极致业务体验。

在物联网方面，5G将渗透到各种行业领域，其与工业设施、医疗仪器、交通工具等深度融合，将有效满足工业、医疗、交通等垂直行业的多样化业务需求，实现真正的"万物互联"。

在移动通信的整个发展历程中，中国经历了1G时代的空白、2G时代的测试、3G时代的紧追、4G时代的突破，目前在5G领域的发展处于全球领先地位。中国已站在并把握住了 5G 建设期的入口，这让我们终于能够松一口气，因此在这里非常有必要探讨一下中国 5G 领先全球的优势。

从现实情况看，政府层面如工信部、发改委、国资委、科技部等已经将 5G 发展放到了前所未有的高度；而在 5G 牌照发放后，运营商、设备商、终端商等产业链各参与者均表示"准备好了"。中国在 5G 领域整体进发态势的背后，反映出以下几个方面的优势：

一是在 5G 标准制定的过程中，中国公司扮演了重要角色，并极大地推进了标准化的速度和质量。比如，在 5G 性能标准制定过程中，中国电信主持了 5G 基站基带（基带其实是手机中的一块电路，负责完成移动网络中无线信号的解调、解扰、解扩和解码工作，并将最终解码完成的数字信号传递给上层处理系统进行处理）性能的技术讨论和标准制定，牵头组织 3GPP（由运营商、终端商、设备商及研究院所机构自组织组成的制定移动通信标准化的机构）官方技术标准的撰写；中国移动在 2017 年 12 月就牵头完成首版 5G 网络架构国际标准；中国联通则在 2018 年 11 月主导 3GPP 发布了首个 Sub-6GHz5G 独立部署的终端射频一致性测试标准，为 5G 时代终端一致性测试提供了技术依据，也为相关国家标准的制定提供了参考。目前全世界 5G 标准立项并且通过的企业，如果按国家统计，则为中国 21 项，美国 9 项，欧洲 14 项，日本 4 项，韩国 2 项。这个统计结果说明实力最为强大的国家或者说 5G 标准的重要主导者是中国。

二是拥有多项技术专利的优势。根据德国专利数据公司 IPlytics 在 2018 年年底发布的 5G 专利报告，华为、中兴、OPPO 和中国电信科学技术研究院这 4 家公司，一共拥有全球 36% 的 5G 标准必要专利。这个数字是中国公司在 4G 专利中占比的两倍多。相比之下，美国的高通、英特尔等科技巨头只持有 14% 的 5G 关键技术专利。事实上，专利不仅会带来社会效益，也会带来经济效益。当中国企业在 5G 技术专利上拥有优势时，全球的电信企业在 5G 网络落地的过程中就需要向中国企业支付专利费。

三是中国的 5G 基站建设正在尝试走向市场应用。而在这背后，是三大电信运营商积极的 5G 基站规划建设：中国移动将在 2019 年增加 3 万 ~5 万个 5G 基站，积极推进 5G 实验网络建设；中国联通将在 40 个城市开通 5G 试验网络，继而形成"7+33+N"最新的部署布局；中国电信也将在已展开测试的 6 个城市的基础上再增设 6 个城市，形成"6+6"布局。中信建投研报预测，中国 2019 年全年将新建开通 5G 基站 10 万站左右，全球预计在 30 万站至 40 万站。

四是在终端设备方面的优势。在 2019 年世界移动通信大会（MWC）上，最受关注的是 5G 手机，而其中又以华为、中兴、OPPO、小米、联想、一加等中国手机厂商为重点，它们推出的 5G 设备都在 2019 年陆续上市。

除了常见的手机设备以外，中国的终端厂商还在推动细分领域的应用。比如，华为凭借着其在 5G、人工智能（Artificial Intelligence，AI）、云、软件、芯片开发以及物联网上的布局，在 2019 年 4 月发布了一款专为汽车行业设计的 5G 通信硬件——MH5000。作为中国技术型企业的佼佼者，华为在 5G 领域处在世界前列，可以说华为将代表民族企业在 5G 时代中与世界各国通信强者进行竞争。

在终端厂商之外，中国的三大运营商也在促进 5G 终端的应用。比如，中国移动将在 2019 年采购上万台终端，投入 1 亿 ~2 亿元额度进行终端补贴；中国电信在 2019 年第三季度发布试商用机，端到端网络和业务测试 2500 多台；中国联通则希望到 2019 年第四季度能实现 5G 商用终端大规模上市。

毫无疑问，中国无论是在标准的争夺上，还是在技术的推出速度上，以及在基础设施的建设上，现在都有望引领 5G 发展的未来。

第二章

拨开云雾，
探寻5G的本质与内涵

5G到底有多快？除了速度，5G的本质和内涵是什么？简言之：5G=万物互联＋美好生活。5G最终实现"万物触手可及"，它将给我们的生活带来更多便利和更多保障，为行业发展创造更多的新业务与新模式，为中国社会的各项事业带来巨大贡献。

让一个公式告诉你，到底什么是5G

对于 5G，很多人都有过解读，但通信专业毕竟门槛较高，特别是对未来技术的演进问题更难以科普。那么，怎样才能通俗易懂地将 5G 解释明白？其实我们只需读懂物理学中的一个公式——光速 = 波长 × 频率，就能明白到底什么是 5G。

通信技术分为有线通信和无线通信两种。有线通信指的是利用同轴电缆、电话线、网线、光纤等有形的实物介质传送信息。无线通信指的是利用电波、光波等电磁波信号可以在空间传播的特性进行信息交换。空间传播是移动通信的瓶颈所在。所以，5G 如果要实现端到端的高速率，重点是突破无线通信的空间传播瓶颈。

电波属于电磁波的一种，它的频率资源是有限的。为了避免干扰和冲突，将电波进一步划分出基低频、低频、中频、高频、基高频、特高频、超高频、极高频几种，然后对应不同的对象和用途。例如其中的特高频可用于模拟电视及数码电视广播、军用航空无线手机、无线网络、业余无线电、低功率无线对讲机等短途通信；超高频可用于大容量微波中继通信、移动通信、卫星通信等。目前，全球主流的 4G LTE 技术标准就属于特高频和超高频。

那么，5G 使用的频率具体是多少呢？5G 的频率范围分为两种：一种是 6GHz 以下的，这个和 2G、3G、4G 的差别不算太大。还有一种是在

24GHz 以上的，比如 24GHz 以上的 28GHz，就是目前国际上用于试验的主要频段。将 28GHz 代入光速 = 波长 × 频率这个公式，可计算出 28GHz 频段的毫米波约为 10.7 毫米，所以 28GHz 频段有可能成为 5G 最先商用的频段。毫米波可以增加带宽。10.7 毫米波其频率非常高，因而它也就成为 5G 的第一个技术特点。

电磁波具有以下显著特征：其一，电磁波在空间的各个方向上传播；其二，电磁波不需要介质，但电磁波可以在空气、水和某些固体中传播；其三，电磁波传播速度等于光速，空气中的传播速度与真空中的传播速度相似；其四，不同频率（或不同波长）的电磁波的传播速度是相同的，因此电磁波的波长越短，频率越高，反之则频率越低。

根据这些特点，如果移动通信使用高频带，则其最大的问题是传输距离大大缩短，并且覆盖能力大大降低。也就是说，需要建设覆盖同一区域的 5G 基站的数量将大大超过 4G 基站的数量。基站的数量意味着金钱，这意味着投资，意味着成本！频率越低，网络建设节省的资金就越多，竞争起来就越有利。

基于以上原因，在高频率的前提下，为了减轻网络建设方面的成本压力，5G 必须建设微基站。基站的数量意味着网络覆盖能力，网络的品质。微基站是 5G 的第二个技术特点。

随着通信频率越来越高，波长越来越短，天线也跟着变短了，毫米波通信的天线也变成毫米级。这就意味着，天线完全可以塞进手机里面，甚至可以塞很多根。这就是多天线技术，其特点是"多进多出"，即多根天线发送，多根天线接收。多天线是 5G 的第三个技术特点。

由于天线在特性方面有一定的要求，因此阵列布设天线要求天线之间的距离保持在半个波长（波长是指波在一个振动周期内传播的距离）以上。如果距离太近，天线之间就会互相干扰，影响信号的收发。

针对这种情况，则可用波束成形技术，它能把散开的波束缚起来。波束成形是 5G 的第四个技术特点。

波束成形并非新名词，其实它是一项经典的传统天线技术。波束成形技术也称为空间复用技术，就是在基站上布设天线阵列，将全向的信号覆盖变为了精准的指向性服务，这样一来，无线电波束就不会干扰到其他方向的波束，从而可以在相同的空间中提供更多的通信链路。这种充分利用空间的无线电波束技术就是空间复用技术，这种技术可以极大地提高基站的服务容量。

移动通信的起点是加大带宽，而光速 = 波长 × 频率这个公式所反映出的 5G 的毫米波技术、微基站技术、多天线技术、波束成形技术等，则都是加大通信带宽的顺理成章的技术趋势。只要把基站做得足够小，其服务范围变窄了，单个用户获得的资源就能足够大，速度就可以提高到足够快。所以，5G 要利用这些关键技术对移动网络进行重新布局。

5G+物联网+人工智能=科技革命

在各种新技术蓬勃发展的条件下，先进的落地应用必将来自于5G、人工智能、物联网这三者的融合。5G网络是通信基础架构，物联网用于挖掘数据来源，人工智能则是处理数据的技术。这三个工具性技术创新组合起来作用于行业，并将塑造出一个更加智能化的世界，成为新一轮科技革命及产业变革的核心驱动力。

5G和物联网是相辅相成的关系，两者相互作用共同为人类社会的发展谋福利。一方面，5G将加速推动物联网落地。5G网络的设计更符合物联网所需要的基本特性，不仅体现在高带宽、低时延的"增项能力"，更具有低能耗、大连接、深度覆盖的低成本优势。这既能让物联网应用落到实处，还能得到迅速推广和普及。比如奶牛养殖场牛身上的穿戴设备、养牛人的监控设备和操场的监控设备，就可以在养殖场构成能满足多种传输需求的独立物联网，并且是低功耗的。

另一方面，物联网是5G商用的前奏和基础。发展5G的目的是能够给我们的生产和生活带来便利，而物联网则为5G提供了一个大展拳脚的舞台，在这个舞台上，5G可以通过智慧农业、智慧物流、智能家居、车联网、智慧城市等众多的物联网应用，发挥出自己强大的连接作用。以智慧农业为例，我国南方的一些省市现在已经出现了5G智慧农业试验区和"5G田"，试验区覆盖了全产业链条的5G农业产业集群，而接通5G服务的"5G 田"则带动了所在地区"5G+智慧农业"项目的启动。

人工智能与 5G 交会将表现为技术变革、新业务和新应用，甚至会颠覆现有的商业模式。一方面，5G 为人工智能技术提供了低时延、大带宽和超大规模连接等极致体验，这将彻底革新无人驾驶、数字医疗、VR 和AR、智能城市、智能家居等众多物联网垂直行业，引爆全新的应用场景和商业模式。以无人驾驶为例，5G 与人工智能结合，实现了车与路、人等万物互联，就像给车装上了一副全天候、全场景 360 度的"透视眼"，让每辆车都成为信息的接收者、转发者和处理者，从而大大提高了无人驾驶车辆出行的安全性。

另一方面，在 5G 系统之下，人工智能将有助于更好地了解用户和网络的行为，让稀缺无线电资源的使用得到优化，进而做到可以预测相关决策带来的影响。比如人工智能的神经网络技术应用在 5G 核心网中，能够帮助 5G 核心网进行运营、运维和自动化运行，降低运维成本，从而实现5G 核心网自治。

总之，5G、物联网、人工智能都在时代的路口交会，它们注定会携手同行。尤其是在物联网领域的应用中，5G、物联网和人工智能这三者已经有机地联系在了一起。我们有理由相信：在 5G 的推动之下，物联网、人工智能等技术将实现快速发展，它们之间的相互融合将开启新一轮科技革命。

5G精神内涵：开放、共享、共赢

互联网精神是开放、共享、创新，5G 的使命在于实现万物互联，因而天然地带有互联网基因，同时也丰富了自己的精神内涵。5G 竞争需坚持互联网精神。在实现万物互联的过程中，5G 网络精神的参与各方要坚持开放、共享、共赢的 5G 精神，这是 5G 实现万物互联的基础。

中国一直秉承开放、包容、合作、共赢的理念，不仅鼓励国内企业积极参与 5G 网络建设和应用推广，也愿意与全球产业界继续深化合作，携手推进 5G 发展。下面，我们一起来看看具有中国特色的开放、共享、共赢的 5G 精神。

如何理解中国 5G 的开放精神内涵？国际合作是当今信息化社会和互联网经济的主要特征。而中国在 5G 发展上一直都秉承自主创新与开放合作相结合的态度，一方面加大自主研发的力度，实现了在 5G 技术上的成功超越，另一方面一直秉承开放合作建设 5G 的态度。

一个现实的例子是，在中国移动的采购名单中，最大的赢家除了有中国的华为公司，还有两家外国企业：来自欧洲的诺基亚和爱立信公司。诺基亚和爱立信中标中国移动采购计划，真正体现了中国坚持全球化开放合作的精神。随着 5G 商用时代的开启，开放合作共赢依然是主旋律。工信部就多次表示，5G 牌照发放后，中国将一如既往地欢迎外资企业积极参与中国 5G 市场，共谋中国 5G 发展，分享中国 5G 发展成果。

如何理解中国 5G 的共享精神内涵？简单来说就是：中国 5G 世界共享。中国将一如既往地积极与国外企业共谋 5G 发展和创新，共同分享中国 5G 发展成果。共享应该不是一个技术问题，准确来说这是个政治问题。世界上有些国家如美国并不认可共享，因此采取各种手段阻止共享趋势，比如对科技出口采取限制措施，这不仅仅限于 5G，也涵盖人工智能等其他新技术。中国是全球化的受益者，应该积极推进世界科技交流和共享，才能更好发挥后发优势。我们同时也要有回馈精神，不然只索取没有回馈，其他国家就不会再和我们交往，这和做人是一样的道理。

来看一个例子。2019 年 5 月 30 日早晨，英国广播公司 BBC 进行英国国内首次 5G 新闻直播时，61 岁的 BBC 记者罗里·赛伦琼斯特意将镜头对准了华为的设备说："就是它，能够支持我们进行英国首次 5G 电视直播！"正是因为中国 5G 世界共享，所以罗里·赛伦琼斯在中国的社交网络上火了。

如何理解中国 5G 的共赢精神内涵？从本质上说，从 5G 中获取的最大价值不是谁赢，而是大家实现共赢。遵循着共赢精神，中国 5G 正在与全球携手共赢，向世界敞开大门，积极吸纳全球智慧，全球系统设备、芯片、终端、测试仪表等企业相互合作、共同促进，为加快中国 5G 产业链的发展和成熟起到了重要作用。

现实中，已经获得 5G 商用牌照的中国移动、中国联通、中国电信和中国广电在 5G 领域的积极探索，充分体现了开放、共享、共赢的 5G 精神。

中国移动的 5G 部署是最早的，在 2013 年我国政府发起成立 IMT-2020（5G）推进组之时便参与其中，成为推进组中唯一一家运营商。中国移动从 2017 年开始就先后在广州、杭州、苏州、武汉、上海 5 个城市开展了场外测试，每个城市预计将建成 100 个 5G 基站，同时，下一批 5G 应用和示范城市还将包括北京、雄安、天津、福州、重庆等 12 个城市。中国移动联合了全球20家终端企业合作伙伴共同启动了"5G终端先行者计划"，其中包括高通、华为、联发科技、紫光展锐、英特尔和三星6家主流芯片企业，还包括OPPO、vivo、小米、三星、联想、HTC、海信、TCL等10家主流终端企业，以及Qorvo、Skyworks、Taiyo Yuden和飞骧科技4家元器件企业。另外，中国移动还于2019年上半年发布首批5G预商用终端，包括数据类终端及智能手机等产品。

此外，中国移动还推出并实施了"5G+"计划，这个计划主要体现在三个方面：一是5G+4G；二是5G+AICDE；三是5G+Ecology。其中，5G+4G，是指5G和4G将长期并存，中国移动将大力推动5G和4G技术共享、资源共享、覆盖协同、业务协同；5G+AICDE，是指持续推动5G与人工智能、物联网、云计算、大数据、边缘计算等新兴信息技术深度融合、系统创新，打造以5G为中心的泛在智能基础设施，更好地服务各行各业高质量发展；5G+Ecology，则是指与各方共同构建5G生态系统，携手共建5G终端先行者产业联盟、5G产业数字化联盟、5G多媒体创新联盟。有业内人士认为，"5G+"计划的出世，意味着中国移动抓住了5G商用前的机遇期，在"5G+"计划之下，中国移动将实现5G更大的价值。

中国联通于2016年10月对外宣布了5G规划时间表：2016年完成5G端到端网络架构的关键布局，完成5G Open lab的建设；2017年完成5G无线、网络、传输及安全关键性实验室验证，同时基于5G Open lab完成5G实验室环境建设；2018年完成5G关键技术实验室验证，同时也完成联通5G建设方案；2019年完成5G外场组网验证；2020年实现联通5G网络商用。

目前，中国联通已经确定在北京、天津、上海、深圳、杭州、南京、青岛等16个城市进行5G规模试用。这16个试点城市各有侧重，其运营内容更加多元化，这将加快推进5G研发进程，并有望在2020年实现5G

规模化商用。

另外，中国联通还在构建开放、共享、共融、共赢的5G生态系统。这一系统有五大要素：一是领先完善的网络；二是极致的用户体验；三是创新的技术应用；四是未来业务的无限可能；五是助推千行百业创新发展。此外，中国联通还聚焦智能制造、智慧医疗等重点行业，研发5G创新应用，实施物联网"平台"生态战略，创新生态合作伙伴，组成业务创新联盟，合作共建新生态。

中国电信在5G领域的布局速度，已经呈现出与中国移动和中国联通齐头并进的态势。2016年7月，中国电信正式发布了"天翼4G+"品牌，该品牌下的终端采用4.5G网络技术，为5G的到来起到了过渡的作用。中国电信5G试点城市包括之前已经确定的雄安、深圳、上海、苏州、成都、兰州6个城市和将要增设的6个城市。中国电信致力于打造5G终端商用的第一阵营，在2018年9月开启5G原型机技术验证，首批计划推出60台5G原型机；2019年3月发布5G测试用机，数量超过1200台；2019年Q3发布试商用机，通过端到端网络和业务测试的5G终端2500余台。中国电信5G终端将具备沉浸式体验、多场景、多制式、多形态等特征。

而在中国广电看来，获颁5G牌照，意味着新的使命，意味着崇高的责任和艰巨的任务。因此，公司确定了布局5G未来的蓝图：将与其他5G运营商和铁塔公司精诚合作、共建共享，发挥广电媒体和内容文创优势，差异化运营，将广电5G网络打造成为正能量、广联结、人人通、应用新、服务好、可管控的精品网络。

综上所述，在5G领域处于全球领先地位的中国，要真正实现继续引领全球互联网的下半场，最根本的是要有继承开放、共享、创新的互联网精神，继续接过并高举平等开放、公平竞争的大旗，合作共赢，开放共享。

5G商用后的中国市场"蓝海"

2019年6月6日上午，工业和信息化部正式向中国电信、中国移动、中国联通、中国广电发放5G商用牌照。以5G商用牌照的颁发为分水岭，中国进入了5G商业元年。虽然从发放5G商用牌照到商业成熟还有一定的距离，但行业未来的"蓝海"已经显现。主要体现在三个方面：一是中国在5G高科技领域已经抢占先机，有了话语权；二是5G产业链上中下游相关产业已经显现"蓝海"市场；三是"5G+"之下已经形成了5G商用产业集群。

一、中国首次抢占探索高科技先机

在5G出现以前，3G、4G技术都是先在其他国家完成了商用，中国的通信基础设施始终在追赶别人的脚步，以至于创新方式不够，导致通信行业无法实现高质量发展。比如在视频社交领域，虽然取得一些创新优势，但这仅仅是商业模式创新，而缺少基于5G技术的创新支持。再加上现阶段的用户需求已面临瓶颈，使得互联网流量入口的争夺日趋白热化，而这种竞争直接影响了增长模式的可持续性。

目前的中国在5G领域已经领先全球，具备5G的竞争优势，再加上5G商用开闸，使得我国第一次可以在通信技术基础设施建设过程中处于领先地位。领先了就有话语权，就可以在制定互联网协议标准过程中扮演重要的角色。事实上，谁能在互联网订立协议标准，谁就能分享最大的利益。互联网原有的一系列协议标准大多为西方发达国家所把控，这对我国的互联网安全、未来互联网的竞争力构成很大的威胁。而中美之间的 5G 之争，其实质就是下一代互联网的协议标准之争。中国具有 5G 技术标准的话语权，这就大大降低了技术方案升级的成本，有利于产业规模的扩大。同时，5G 越是快速地成熟商用，越能够形成大数据体量和数字经济运用方面的优势，最终带来巨大的经济发展潜力。

二、5G 相关产业显现"蓝海"市场

探索高科技，是为了打造高质量的应用场景，这才是高科技蓝海市场。那么 5G 高科技蓝海市场在哪里呢？在 5G 相关产业，在垂直细分的产业终端。

5G 相关产业大致可分为上中下游三个方面：上游主要是设备厂商通过基站升级来推广 5G 网络；中游主要是头部互联网公司、虚拟运营商等的网络建设，包括网络规划、设计、优化和维护等；下游主要是终端设备厂商及其产品应用，以及由此创新出来的各种应用服务场景，如车联网、物联网、VR 和 AR 等。

事实上，5G 牌照的发放，说明上游设备厂商已经具备了大规模推广 5G 网络的条件，而 5G 网络的推广，则会促使各大头部互联网公司与 5G 牌照获取者开展合作，也意味着大量终端设备可以无障碍地进入 5G 网络，终端的应用服务也会创新高质量场景，从而体现出 5G 的价值。

获得 5G 牌照的中国移动、中国联通、中国电信、中国广电目前正在加紧动作。中国移动正在前后两批共 17 个城市（首批是于 2017 年确定的广州、杭州、苏州、武汉、上海 5 个城市，第二批有北京、雄安、天津、福州、重庆等 12 个城市）启动 5G 规模试验和示范工程，最终推进以独立组网（Standalone，SA）为基础的目标网。

中国联通也计划在 2019 年完成北京、天津、上海、深圳、杭州、南京、青岛等16个城市的5G网络的搭建，以及5G终端非独立组网（Non-Standalone，NSA）试商用，在2020年正式商用。中国电信已经在雄安、深圳、上海、苏州、成都、兰州6个试点城市开始实现4G与5G的网络协同，还将增设6个城市进行5G试点。

中国广电的动作目前包括两个方面，一是积极引入战略合作伙伴，创新体制机制，与其他5G运营商和铁塔公司精诚合作、共建共享；二是聚焦超高清视频与智慧广电。广电将超高清视频当作一种突破性技术，为消费者打造更加立体逼真的感受，将用户吸引回客厅。智慧广电则能将广电行业的网络资源、技术资源与B端需求结合，突现在政府类、企业类客户领域的应用。例如，凭借电视媒体的入口，广电网络运营商将提供更为便捷丰富的生活服务（如医院挂号、家庭安全监控等便民服务），以提高用户黏性，发展增量业务。面向B端的应用也将成为未来广电参与竞争的重要抓手。

头部互联网公司也将在5G产业中有一席之地。关于这一点，我们从诸多互联网公司获得了虚拟运营商牌照这件事中就可以窥得其思路。2018年7月23日，工信部向阿里巴巴、小米科技、天音通信以及民生通信等15家公司正式下发第一批虚拟运营商牌照，让它们共享市场收益。在5G商用之际，这些虚拟运营商将会更加频繁地将自身资源，包括商业场景、技术能力、用户流量等导入合作。未来可以预期，各大头部互联网公司将会与5G牌照获取者开展合作，以补充自身的流量、技术、场景短板。

网络终端设备原本就很重要，5G商用开闸后，终端设备将变得越来越重要。从终端设备实际情况来看，中国目前已经形成了一个包括设计、供应链及大量人力资源组成的手机制造业的生态系统。例如，中国移动为了让5G尽快落地商用，大规模采购5G终端设备用于5G测试，其中包括4000台华为Mate20X 5G版。由此可以反映出我们在网络终端设备上的制造能力。至于华为 5G 版手机在世界的声望就更说明了这一点。

三、"5G+" 之下，5G 商用产业集群正在形成

5G 时代的技术竞争是技术集群的竞争；产业运用的竞争是产业集群的竞争。5G 时代，更加应该关注的是 5G+ 人工智能、5G+ 物联网、5G+AR 等，以技术矩阵的形式共同构成技术基础设施，以及在此之上产生的产业集群。

在 "5G+" 之下，5G 的上下游两端的相关产业将迎来爆发，慢慢孕育出产业集群：在上游工业端，智能制造、智能车联网、边缘计算等运用加速落地，将会改变以这些行业为核心的更大范围行业的变化；在下游消费端，除了流媒体、动漫、短视频、在线游戏等领域会带来品质的飞跃以及某些需求的变化外，还会出现云存储的更新升级需求，以及医疗、金融、安全、出行方面的各类新供给和需求。

事实上，珠三角、长三角、京津冀等多个区域都在蓄势培育万亿级 5G 产业集群，相关企业也在加快抢滩布局 5G 产业链。来看下面几个例子：

为推动宜宾市 5G 产业发展，赋能宜宾现有智能终端产业升级，抢占 5G 产业制高点，宜宾市和北京宽东方科技集团有限公司在 2019 年 5 月 9 日举行的首届中国国际智能终端产业发展大会上宣布，双方将携手共同打造全球 5G 产业集群双基地，并签约了相关战略合作项目。宽东方提出 4 个 "1" 整体布局：1 个 5G 研究院、1 个 5G 智造基地、1 个 5G 军民融合基地、1 个 5G 产业基金，引领全球 5G 尖端技术与 5G 高端制造业落户宜宾，打造宜宾市 5G 产业全生态集群。

在中国（杭州）5G 创新园进驻的 32 个项目中，杭州伟高通信有限公司主打研发 5G 射频芯片，能够实现进口替代，主要应用于 5G 基站；富士康工业互联网股份有限公司将在聚焦工业互联网平台建设、专业工业云研发、垂直人才培养、孵化赋能应用等方面，填补工业互联网产业人才、技

术、应用的空白；中国信息通信研究院5G（杭州）研究中心、智能网联驾驶测试与评价工信部重点实验室（浙江中心）、未来科技城5G开放实验平台等创新平台的进驻，将共同打造国内一流的5G创新创业生态……32个项目覆盖了5G上下游产业链，包括规划设计、设备器件、市场应用等，已初步形成一个5G产业集群。

广东大湾区已形成万亿级5G产业集聚区。《广东省培育电子信息等五大世界级先进制造业集群实施方案（2019—2022年）》提出，要以建设粤港澳大湾区为契机，做强珠江东岸高端电子信息产业带，带动粤东粤西粤北协同发展。方案中有20处提及"5G"，明确提到要"在珠三角城市群启动5G网络部署，加快5G商用步伐，将粤港澳大湾区打造成万亿级5G产业集聚区。省市共同推进省级5G产业园区建设，支持粤港澳大湾区创建各具优势的5G产业园区"。

事实说明，将"5G+"运用到5G产业链的上下游相关产业，可以引发行业变革，形成产业集群。由此，5G真正成为社会信息流动的主动脉、产业转型升级的加速器、数字社会建设的新基石。

第三章

5G万物互联，赋能三大应用场景

国际电信联盟曾定义 5G 的三大应用场景：一是增强型移动宽带（eMBB），主要是上网速率的提高；二是超高可靠与低时延通信（uRLLC），主要应对无人驾驶、智能工厂等领域的低时延业务场景应用；三是海量机器类通信（mMTC），主要应对物联网等连接量较大的场景应用。从目前情况来看，首先应从 eMBB 类场景开始，然后逐渐向 uRLLC 和 mMTC 类场景渗透。

eMBB：极致的通信体验

什么是增强型移动宽带 eMBB（eMBB 是英文 enhanced Mobile Broadband 的缩写形式）？所谓增强型移动宽带 eMBB，是指在现有移动宽带业务场景的基础上，对于用户体验等性能的进一步提升，主要还是追求人与人之间极致的通信体验。它主要体现在 3D 超高清视频远程呈现、可感知的互联网、超高清视频流传输、高要求的赛场环境、宽带光纤用户以及 VR 等领域。

在这里，我们有必要了解一个重要信息。美国时间 2016 年 11 月 17 日凌晨 0 时 45 分，在 3GPP RAN1 第 87 次会议的 5G 短码方案讨论中，中国华为公司主推的 Polar Code 码方案，成为 5G 增强型移动宽带（eMBB）控制信道标准方案。这是中国在 5G 移动通信技术研究和标准化上的重要进展。

用户一般最关注的是 5G 超高的网速。增强型移动宽带 eMBB 由于网速很快，所以提高了用户的体验性能，即能够满足"人"对传输数据速率和广覆盖下的移动性需求。在增强型移动宽带 eMBB 场景下，智能终端用户上网峰值速率要达到 10Gbps 甚至 20Gbps，能为 VR 无处不在的视频直播和分享、随时随地的云接入等大带宽提供支持。比如我们直接在线观看无压缩的 4KHDR 电影时，5G 的大带宽可以配合 VR 和 AR 头盔实现实时的 3D 视频通话等。

在增强型移动宽带 eMBB 场景中，VR 云端渲染或成新宠。比如虚拟现实游戏、虚拟社交等娱乐场景，以及沉浸式教育、远程教育、房屋装修等消费场景。

在西班牙巴塞罗那举行的 2018 年世界移动通信大会上，华为的 5G 360 度全景直播为业界带来了最热门的 eMBB 体验。在专为 360 度全景直播设计的圆形区域周围部署的 36 个 360 度全景摄像头，将场内球员的赛场英姿实时采集并传送到云端，通过云端渲染，将处理后的数据推送到环形大屏幕（模拟手机屏幕），观众可以选择不同的角度在环形大屏幕上实时观看踢球者的目标动作，或者通过二维码随时下载 360 度视频。相对于传统固定机位直播，360 度全景直播通过大量的摄像头拍摄机位，特别是运动员视角和第三视角的移动机位，在任意角度实时拍摄，都可以轻易实现如影随形、影随人动的效果。此外，华为计划在 2019 年推出首台 5G 电视。该电视除了会运用上 5G 技术之外，同时还拥有 8K 面板，这将会超过目前 4K 高分辨率标准。理论上，5G 加 8K 的双结合，该电视可以通过连接流式传输或下载整个电影和电视节目。

华为的例子进一步说明，增强型移动宽带 eMBB 打造的业务体验与其他丰富多彩的 eMBB 业务，如 VR、AR、全息通话一样，正在改变消费者娱乐与生活的方式。

uRLLC：提供核心保障

什么是超高可靠低时延通信 uRLLC（uRLLC 是英文 Ultra Reliable LowLatency Communications 的缩写形式）？所谓超高可靠低时延通信 uRLLC，正如字面所显示的，其显著特征就在于"超高可靠性"和"低时延性"。它主要面向车联网、工业控制等物联网及垂直行业的特殊应用需求，为用户提供毫秒（ms）级的端到端时延和接近百分百的业务可靠性保证。其应用场景能够让人们的生活变得更有效率、更安全，或者让我们对世界体验更丰富、更精彩。

在智能制造、远程机械控制、辅助驾驶和自动驾驶等领域，所有基于 5G 技术的业务都对网络差错的容忍度非常小，需要通信网络非常稳定；同时，它们对网络时延也有更高的要求，网络时延要达到 1~10 毫秒，这样才能提供有力的支持和可靠的保障。如何解决这些问题？4G 网络的时延在 20~100 毫秒，但超高可靠低时延通信 uRLLC 则可达到 1~10 毫秒。也就是说，无论你是在虚拟世界手动体验第二人生，还是在现实世界自动驾驶第一人生，这种体验都不会"卡"了，因为这种"卡"轻则会让某款应用丧失用户，重则会让某位用户丧失生命。低时延可以为上述领域的行业应用提供核心的可靠保障，加快升级速度。

超高可靠低时延通信 uRLLC 的应用场景主要有三个类别：一是应用于节省时间、提高效率、节约资源方面；二是应用于让人们远离危险、安全运营方面；三是应用于让生活更加丰富多彩，如智能家居、智慧医疗、智能车联、智慧城市等方面。除此之外，对普通用户来说，有了更低的时延、更快的网速，云游戏平台方面也可能在 5G 时代迎来爆发。

中国高科技民营企业新岸线公司的 uRLLC 技术，目前处于全球在该领域的最领先水平，不但完全突破了 uRLLC 技术的核心难题，而且早在 2015 年就已经陆续进行大规模商业化应用。在西班牙巴塞罗那国际会展中心举行的 2019 年世界移动通信展会上，新岸线现场展示了"世界首个商业应用部署的高可靠、低时延无线通信系统和芯片"，即 EUHT-5G（Enhanced Ultra High Throughput-5th Generation，超高吞吐量第五代无线通信技术），吸引了众多参观者的目光，大家对这一技术的特性赞叹不已。同时来自瑞典、英国、法国、西班牙、俄罗斯、巴基斯坦等诸多国家的集成商、方案商和专业人士纷纷希望能够更加深入地了解此项技术，并有进一步的合作机会。

mMTC：实现万物智联

什么是海量机器类通信 mMTC（mMTC 是英文 Massive Machine Type Communications 的缩写形式）？所谓海量机器类通信 mMTC，也就是万物智联，越来越多的设备接入物联网，机器间传播将快速崛起。它是"物联网"和"万物互联"场景中将被使用的网络类型，主要针对大规模物联网业务，能够满足深度覆盖、超高密度、超低能耗等要求。比如智慧交通、智能家居、智慧城市、环境监测、智能农业、森林防火等以传感和数据采集为目标的应用场景。

海量机器类通信 mMTC 具有小数据包、低功耗、低成本、海量连接的特点，其优点则是支持百万终端的大范围的人与物之间的海量连接与互动，让大量相邻设备同时享受顺畅的通信连接，是现阶段 5G 最重要的发展方向，也是我们看得见摸得着的未来。在理论和技术上，它都具备成为媒介终端的可能性。

与增强型移动宽带 eMBB 不同，海量机器类通信 mMTC 追求的不是高速率，而是低功耗和低成本。它需要满足每平方公里内百万个终端设备之间的通信需求，发送较低的数据且对传输资料时延有较低需求。通过该项技术，未来所有家庭中的白色家电、门禁、烟感、各种电子器件都会上网，城市管理中的井盖、垃圾桶、交通灯，智能农业中的农业机械，环境监测的水文、气候设备，所有通过传感器收集的数据都会联网。这个传感器网会将整个社会透明化，一切东西都在网络监视之下，同时也会诞生全新的商业模式。

第四章

5G，推动了可持续发展的实现

对于"可持续发展"问题，单纯从理论上论证并无必要，我们应该对我国可持续发展的实现情况进行反思和探讨，领会国家层面的相关战略意图，解读5G关键技术及其面临的机会与挑战，进而找到5G"杀手级应用"，让5G技术切实推动可持续发展的实现。

可持续发展思想的实现情况与难点所在

从现实来看，"实现可持续发展"的情况并不能让人乐观，一是对涉及可持续发展的事分析判断错误，二是可持续发展的基础和条件受损。究其原因，难点在于对概念的理解不到位及实践中的行为不力。

可持续发展是一个涉及自然、环境、社会、经济、科技、政治等诸多方面的理论和战略，是一种经济增长模式。然而在现实中，我们对于涉及可持续发展的某一件事的评估，常常采取数据分析的方法，但由于可持续发展涉及诸多方面，用数据分析的方法是难以做出科学评估的。即使是用数据手段进行分析，也须建立一套与自然、环境、社会、经济、科技、政治等诸多方面中某一方面相应的，或兼顾某些方面的指标体系和评估标准。而指标体系和评估标准的建立都带有很强的主观性，可谓仁者见仁、智者见智，所以不同的人会有不同的指标体系和评估标准，其所计算出的结果也会不尽相同，甚至会大相径庭。错误的分析导致了错误的结果，错误的结果势必使可持续发展这一经济增长模式无法落到实处。

作为一种经济增长模式，可持续发展强调的是以保护自然资源环境为基础，以激励经济发展为条件，以改善和提高人类生活质量为目标。然而，我们现在发展所需的环境、条件仍然有一些问题。比如，自然资源匮乏，浪费严重；生态资源脆弱，自然灾害频发；人口众多，结构不合理；贫富分化的趋势愈加显现，阶层固化的形势日益严峻；国际关系日益严峻；

社会公平与社会正义受到挑战等。

之所以存在上述现状，究其原因，主要是没有真正理解什么是可持续发展，以至于在实践中行为不力，导致各种令人堪忧的结果。

可持续发展的概念最早出现在 1980 年国际自然保护同盟的《世界自然资源保护大纲》中："必须研究自然的、社会的、生态的、经济的以及利用自然资源过程中的基本关系，以确保全球的可持续发展。"

对于"可持续发展"这个概念，后来有不少研究者给出了定义，但由于每个研究者所站的角度不同，他们给出的定义也各有不同。例如，国际生态学联合会和国际生物科学联合会的定义侧重于自然方面，世界自然保护同盟、联合国环境规划署和世界野生生物基金会的定义侧重于社会方面，爱德华·B.巴比尔和皮尔斯等人的定义侧重于经济方面，斯帕思的定义侧重于科技方面，布伦特夫人的定义侧重于道德方面等。

其实，不同的定义会引导人们对概念的不同理解，也将产生不同的行为。以布伦特夫人的定义为例，她对可持续发展的定义是"当代人的发展，不损害后代人的发展能力和条件"，其实这个定义存在着重大缺陷，因为这个定义使用的是没有任何约束力的道德性语言，不具备可操作性。事实上，决策者和执行者都不会故意选择危害后代人生存和发展的行为，但若干年后才发现当初的行为对后代贻害无穷。为什么会是这样？就是因为当初对某一定义的认知出现了偏差。

认识不到位就会有不同的发展观和发展目标，对发展行为的选择也就会不同，不同的行为必然导致不同的结果。而不同的结果只有好坏两种情况，好的结果具有积极意义，比如获得了物质财富和利润，坏的结果则与此相反。我们今天所遇到的自然资源匮乏、生态资源脆弱、贫富分化加剧、社会公平与社会正义受到挑战等，无一不是前人行为不力造成的恶果，这些恶果让后人不得不为此付出沉重的代价，甚至陷入危机而难以自拔。事实说明，对任何一种行为，都应该首先预见其结果，然后才能采取行动。

可持续发展是建立在社会、经济、人口、资源、环境相互协调和共同发展的基础上的一种经济增长模式，其宗旨是既能相对满足当代人的需求，又不会对后代人的发展构成危害。可持续发展有这样几层含义：消除贫困；经济发展与环境保护不可分割；人人都有正当的享受环境的权利，且机会均等；改变对于自然界的传统认识态度。要真正实现可持续发展，全人类必须协同行动起来，包括各国之间的协同，各国内部政府、企业、公众之间的协同。协同必须有机制，必须有规则，问题在于各个国家有诸多的不同，各国内部政府、企业、公众等各类参与者也有诸多的不同，因此，必须建立共同认同并愿意遵守的机制和规则。

在全球范围内形成机制和规则需要相当长的时日，但在此之前我们能做的，就是首先在本国之内积极采取有力的措施，进而影响到全世界。而这正是下文的题中之义，也是本章着重强调的。

5G商用正在将可持续发展思想落到实处

明确可持续发展的行为目标，制定相应的评价准则，是可持续发展思想从理念探讨向实践操作延伸的必由之路，也是进行社会行为选择的依据。对于可持续发展，如果被提升到了国家战略层面，那么它必将呈现出整体发展态势。目前，中国已经完成了政府层面的可持续发展顶层设计，正在一步一步地、踏踏实实地实施可持续发展战略，并且在操作层面初见成效。

我国政府对于可持续发展的顶层设计主要体现在两个方面：一是"生态文明"，二是"人类命运共同体"。除此之外，机构方面也提出了"三生共赢"准则，主要是针对生态文明建设的。

我国在国际上首先提出要建设"生态文明"国家的理念。2007年党的十七大报告在全面建设小康社会奋斗目标的新要求中，第一次明确提出了要"建设生态文明"的目标。2012年党的十八大报告明确指出，要把生态文明建设放在突出地位，融入经济建设、政治建设、文化建设、社会建设各方面和全过程。2015年9月21日，中共中央、国务院印发《生态文明体制改革总体方案》，阐明了我国生态文明体制改革的指导思想、理念、原则、目标、实施保障等重要内容，提出要加快建立系统完整的生态文明制度体系，从而为我国建设生态文明做出巨大的贡献。2017年党的十九大报告进一步明确指出，"建设生态文明是中华民族永续发展的千年大计"。

所谓生态文明，是人类遵循人、自然、社会和谐发展这一客观规律而取得的物质与精神成果的总和；是指以人与自然、人与人、人与社会和谐共生、良性循环、全面发展、持续繁荣为基本宗旨的文化伦理形态。

生态文明概念的提出，为我们指明了可持续发展的方向和目标，即在这一新的文明时代，人类的一切发展行为都必须把"尊重自然，顺应自然，保护自然这一理念贯彻全部行为的各个方面和全过程"。这既是目标又是实践可持续发展的行为要求。生态文明的核心要素是公正、高效、和谐和人文发展，它弥补了原有的可持续发展概念的严重缺陷。

我国在国际上首先提出了"人类命运共同体"的概念，并且这是中国政府反复强调的关于人类社会的新理念。2012年11月党的十八大明确提出要倡导"人类命运共同体"意识。中共中央总书记习近平在党的十九大报告中指出，坚持推动构建人类命运共同体，始终做世界和平的建设者、全球发展的贡献者、国际秩序的维护者。

所谓人类命运共同体，是指在追求本国利益时兼顾他国合理关切，在谋求本国发展中促进各国共同发展。人类只有一个地球，各国共处一个世界，要倡导"人类命运共同体"意识。人类命运共同体意识超越了种族、文化、国家与意识形态的界限，为思考人类未来提供了全新的视角，为推动世界和平发展提供了一个理性可行的行动方案。

人类命运共同体概念的提出，完善了可持续发展原有思想和理论的不足，奠定了全世界各国能共同推进可持续发展实践的现实基础和前提。

"三生共赢"准则是北京大学中国持续发展研究中心主任叶文虎教授在国际上率先提出的，该准则的理念之创新、方法之可行，引起了多方关注。

按照叶文虎教授的说法，"三生共赢"准则指的是在一个区域内的一切发展行为都必须能同时使自然生态得到改善，人民生活得到提高，经济生产得到发展。其中"发展行为"包括政府的政策行为、组织的生产行为和投资行为，以及公众的一切涉及社会发展的行为。准则的要点不但是生态、生活、生产分别得到改善、提高和发展，而且更重要的是三者在时间和空间上共赢。叶文虎教授认为，"三生共赢"准则是进行生态文明建设的唯一途径。

"三生共赢"准则强调的是生态、生活和生产的共生、融合和共赢。也就是说，自然环境、人类生活和社会生产必须同时存在，必须融为一体，不可分离，必须在时间和空间上都取得进步。5G商用的实现，就是实现了万物互联，万物的共生、共融、共赢因为5G商用的到来而渐渐实现，这是实践可持续发展的保证，弥补了可持续发展流于概念而操作不力的不足。

如果全世界都能接受并认同这一理念，并按照"三生共赢"准则所提出的方法和模式行事，那么，"生态文明"乃至"人类命运共同体"才可能会有一个光明的未来。

5G六大关键技术解读及面临的机遇和挑战

作为新一代的移动通信技术，5G的网络结构、网络能力和要求都与过去有很大不同，有大量技术被整合在其中。这些技术主要来源于无线技术和网络技术两方面。在无线技术领域，有大规模天线阵列、超密集组网、新型多址接入、全频谱接入等技术；在网络技术领域，有作为5G网络构建基石的软件定义网络（SDN）和网络功能虚拟化（NFV），还有可以用来打造个性化场景应用的网络切片技术。下面先来看看这六大关键技术。

关键技术一：大规模天线阵列技术

大规模天线阵列是基于波束成形原理的，即在基站端布置几百根天线，对几十个目标接收机调制各自的波束，通过空间信号隔离，在同一频率资源上同时传输几十条信号。当基站天线数量增多时，相对于用户的几百根天线就拥有了几百个信道，并且各自相互独立，从而可以减少用户间干扰，进一步改善无线信号覆盖性能。这种对空间资源的充分挖掘，可以有效地利用宝贵而稀缺的频段资源，并且几十倍地扩充网络容量。

大规模天线阵列是目前5G技术的重要应用和研究方向。大规模天线阵列在满足eMBB、uRLLC和mMTC业务的技术需求中发挥着至关重要的作用。

大规模天线阵列技术可以从两方面来理解：一是天线数。传统的TDD（移动通信系统中使用的全双工通信技术的一种，与另一种全双工通信技术 FDD 相对应）网络的天线数量基本上是 2 根、4 根或 8 根，而大规模天线阵列指的是天线数量可以达到 64 根、128 根或 256 根。二是信号覆盖的维度。以 8 根天线为例，当覆盖实际信号时，它只能在水平方向上移动，垂直方向是不动的，信号像平面一样传输。而大规模天线阵列是在信号水平维度空间基础上引入垂直维度空间进行利用，信号的辐射状是个电磁波束，因此覆盖范围更广。

大规模天线阵列的优点在于不同波束之间以及不同用户之间的干扰较少，因为不同波束具有其自己的焦点区域，这些区域都非常小，并且彼此之间没有太多重叠。大规模天线阵列的缺点是系统必须使用非常复杂的算法来找到用户的确切位置，否则波束不能准确地针对用户。因此，对波束的管理和控制非常重要。大规模天线与毫米波形成了完美匹配。毫米波拥有丰富的带宽，但它衰减强烈，而大规模天线的波束成形正好补足了其短板。

关键技术二：超密集组网技术

超密集组网将成为满足未来移动数据流量需求的主要技术手段。5G 网络是一个超复杂的网络，在 2G 时代，几万个基站就可以做全国的网络覆盖，但是到了 4G 时代，网络要超过 500 万个。而 5G 则需要做到每平方公里支持 100 万个设备，因此这个网络必须非常密集，需要大量的小基站来进行支撑。

超密集网络能够改善网络覆盖，实现本地热点系统容量的百倍增长，从而显著提高系统容量，并且对业务进行分流，实现更灵活的网络部署和更高效的频率复用。虚拟层技术、软扇区技术和混合分层回传是超密集组网中的关键技术。

超密集组网的典型应用场景主要包括办公室、密集的住宅楼，密集的社区、校园、大型集会、体育场、地铁、公寓等。当然，越发密集的网络部署也使得网络拓扑更加复杂。小区间干扰已经成为制约系统容量增长的主要因素，大大降低了网络能效。干扰消除、快速小区发现、密集小区间协作以及基于终端能力提高的移动性增强方案，都是目前密集网络方面的热门研究课题。

总的来说，超密集组网具有复杂、密集、异构、大容量、多用户等特点，这就需要保持平衡、稳定并减少干扰，因此要不断完善算法来解决这些问题。

关键技术三：新型多址接入技术

所谓多址接入技术，就是在无线通信环境的电波覆盖范围内，建立多个用户无线信道连接的方法。通俗一点说，多址接入就是要解决多个设备同时接入网络的问题。

新的多址接入技术的代表是 SCMA、PDMA 和 MUSA。SCMA 是一种基于码域叠加的新型多址技术。它结合了低密度编码和调制技术，通过共轭、置换和相位旋转等方式选择最优的码本集合，不同的用户基于分配的码本进行信息传输。PDMA 基于用户信息理论，使用模式分段技术在发送端合理地分割用户信号，并在接收端执行相应的串行干扰，消除以接近多址信道的容量边界。MUSA 是一种基于码域叠加的多址方案。对于上行链路，不同用户的调制符号通过特定扩展序列扩展，然后在相同资源上发送，接收端采用 SIC 接收机对用户数据进行解码。

使用这三种多址接入技术不仅可以实现约 30% 的下行频谱效率的提高，而且还可以将系统的上行用户连接能力提高 3 倍以上。同时，非调度传输模式可以简化信令流程，大大减少数据传输时延。

除了上述三种多址接入技术，5G 还可以采用基于 OFDM（正交频分复用技术，即 Orthogonal Frequency Division Multiplexing 的缩写形式）化的波形和多址接入技术。因为 OFDM 技术被当今的 4GLTE 和 Wi-Fi 系统广泛采用，因其可扩展至大带宽应用而具有高频谱效率和较低的数据复杂性，能够很好地满足 5G 要求。OFDM 技术家族可实现多种增强功能。例如通过加窗或滤波增强频率本地化、在不同用户与服务间提高多路传输效率，以及创建单载波 OFDM 波形，实现高能效上行链路传输等。

关键技术四：全频谱接入技术

IMT-2020（5G）推进组将全频谱接入技术列为 5G 核心技术之一，充分体现了全频谱接入技术对于 5G 的重要性。

全频谱接入技术涉及 6GHz 以下低频段和 6GHz 以上高频段，其中低频段是 5G 的核心频段，用于无缝覆盖；高频段作为辅助频段，用于热点区域的速率提高。该技术采用低频和高频混合组网，充分挖掘低频和高频的优势，可以有效地解决热点场景下的高容量和高速率需求，并能够保持较低的布网成本，共同满足无缝覆盖、高速率、大容量等 5G 需求。

全频谱接入技术涵盖了很大的频率范围，各频段间具有不同的特性和优势，通过对频道资源的合理分配和灵活部署，全频谱接入技术将满足未来 5G 三大主要场景（即改变视频体验的增强型移动宽带 eMBB、实现万物智联的海量机器类通信 mMTC 和让体验再也不"卡"的超高可靠低时延通信 uRLLC）对于频谱的需求。以增强型移动宽带 eMBB 为例，在 eMBB 场景中，6GHz 以下的低频段资源传播特性较好，同时高频段可以提供连续的大带宽，虽然高频段的衰减较大，覆盖较差，但是可以通过部署在热点地区来提高速率和系统质量。因此，高低频协作是满足 eMBB 场景的基本手段。

关键技术五：软件定义网络和网络功能虚拟化

软件定义网络和网络功能虚拟化是 5G 网络架构的基石。软件定义网络技术是一种软件可编程的新型网络体系架构，它将网络设备的控制平面与转发平面分离，并将控制平面集中实现；网络功能虚拟化技术是通过使用通用性硬件以及虚拟化技术，来承载很多功能的软件处理，让单一的物理平台运行于不同的应用程序，从而降低网络昂贵的设备成本。

5G 网络不仅仅是大带宽和低时延，其灵活、敏捷、可管理等特性，还将为运营商打造更多创新服务，以更好地应对 OTT（Over The Top 的缩写形式，是指通过互联网向用户提供各种应用服务）的冲击。而软件定义网络将是实现这一切的基础。

软件定义网络的核心特点是开放性、灵活性和可编程性。它主要分为三层：基础设施层位于网络最底层，包括大量基础网络设备，该层根据控制层下发的规则处理和转发数据；中间层为控制层，该层主要负责对数据转发面的资源进行编排，控制网络拓扑、收集全局状态信息等；最上层为应用层，通过对网络资源进行调用，可以创造出大量的应用服务。

在电信行业，运营商的网络架构设计离不开软件定义网络和网络功能虚拟化。目前已经有越来越多的 5G 架构开始基于软件定义网络理念构建。例如移动通信网 NGMN 设想的架构，借助软件定义网络和网络功能虚拟化提供的可编程能力，全面覆盖 5G 的各个方面，包括设备、移动及固网基础设施、网络功能等，从而实现 5G 系统的自动化编排。

作为可以将网络功能虚拟化并且将这些功能从特定的设备迁移到通用类型的服务器，网络功能虚拟化的传递目标是通过减少专属设备依赖，从而减少服务部署成本，采用更灵活的软件定义框架构建服务特性，增加服务灵活性。

由于网络功能虚拟化具有这样的功能，所以其产业链上的相关厂商也在积极作为。例如，在亚洲移动大会（MWCS，美洲移动大会简称 MWCA）2018 年展会期间，英特尔可编程解决方案事业部偕同联想和赛特斯，一起宣布了针对网络功能虚拟化领域的战略合作，而这三方正好可以作为硬件、设备和软件商的代表，说明该产业链各方都将大有可为。

关键技术六：网络切片技术

所谓网络切片，就是将运营商的物理网络划分为若干个虚拟网络，每一个虚拟网络根据不同的服务需求，比如按照时延、带宽、安全性和可靠性等需求来划分，以灵活地响应不同的网络应用场景。通俗地说，网络切片就是对网络实行分流管理。

网络切片如何"切"？一般采取以下三种方法：一是通过功能模块化来定义服务化架构；二是隔离开核心网中的控制面与用户面；三是基于切片需求的功能的定制化。"切"出的网络切片主要有基于业务场景的切片和基于切片资源访问对象的切片这两类。前者是主流，分为 eMBB（增强型移动宽带）切片、IoT（物联网）切片及 uRLLC（超高可靠低时延通信）切片。主流切片中每种切片对所分配的各层级网络资源和运维管理资源进行有机整合，构成一个完整的逻辑网络，可以独立承担某类业务端到端的网络功能。至于后者，如果从网络资源的层面划分切片，可以根据切片功能资源是否能被其他切片资源共享来划分，如独立切片和共享切片等。

在应用场景多样、万物互联的 5G 时代，网络切片能通过服务的形式满足各行业的定制化需求。例如：通过 5G 网络切片，可以实现超低时延的 VR 的 4K 直播，还可以实现 VR 直播互动的在线购买等功能；通过网络切片和手机终端切片资源，可以保障 AR 游戏流畅所需的低时延、高带宽；5G 无人机控制网络切片，在网络边缘采取了 AI 技术，使得位于切片中的所有无人机都相互独立、安全，具备及时响应不断变化的环境的能力等。

随着 5G 的推进，5G 网络切片将逐步地应用于各行各业，促进智能制造、智能电网、车联网的发展，以及智慧城市、智慧园区、智慧校园、智慧医疗等的建设，从而助力垂直行业应用的数字化转型，全面推动信息社会的发展。

除了上述六大关键技术之外，基于滤波的正交频分复用（F–OFDM）、滤波器组多载波（FBMC）、全双工、灵活双工、终端的设备到设备（D2D）、多元低密度奇偶检验码（Q-ary LDPC）、网络编码、极化码等，也被认为是5G重要的潜在无线关键技术。当然这些都有待于进一步的研究和开发利用。

5G有自己的关键技术，凭借技术优势可以改善用户体验，带来新的应用以及新的商业模式，产生显著的经济效益。从大的方面来讲，5G将为决策者带来增加公民和企业权能的机会。5G将在智慧城市建设方面发挥关键作用，这也使得公民和组织能够在数字经济中发挥重大作用。从行业来说，5G也将为电信运营商带来新的机会，使他们不只可以提供连接服务，也可以以较低的成本为消费者和行业开发丰富的解决方案。同时，5G也将实现有线和无线网络的融合，特别为集成网络管理系统的发展提供了机会。这些创新和应用是5G带来的机遇，而更重要的是，这些机遇对于各行各业的可持续发展都是大有帮助的。

企业、产业、社会的可持续发展，离不开基于5G技术的商业创新和商业应用。但是，正如硬币都有两面一样，5G虽然在底层技术上日渐成熟，但5G商用的实现也面临着许多不可避免的挑战。

5G发牌是中国5G发展的起点，但这只是一个开始，在实际开发中仍然需要克服许多挑战，特别是在网络建设和安全方面。在网络建设方面，中国5G发展需要在短时间内快速完成大规模网络基站建设，但这并非能够一步到位，需要设备商比如华为、诺基亚、爱立信等提供足够的设备，也需要高通、Intel等提供芯片的产能，电信运营商部署网络也需要周期。能够开通多少城市网络，取决于5G产业链各方的协同。在安全方面，由于5G引入了新的基于IP的网络架构和新的业务模型，整个5G的安全机制已经发生了根本性的变化。在5G时代，所有有价值的且能够从连接中

受益的东西都将连接到网络，因此必须思考 5G 安全问题，关键是要思考
"如何保护这些有价值的资产和实时动态产生的利益"。当然，思考的维度
不能只局限于技术攻击，更要思考社会工程攻击，以预防多米诺骨牌式的
安全崩塌。

打造5G"杀手级应用"，推动可持续发展

实现可持续发展离不开科学技术，5G 作为一种先进技术，可以通过创新和应用，来推动企业、产业、社会的可持续发展。而找到 5G "杀手级应用"，才能切实推动可持续发展。

事实上，移动通信行业的每一个时代，都出现了只有在那个时代才能出现的标志性应用，业内人士常称它们为"杀手级应用"。1G 时代的杀手级应用是模拟语音，2G 时代的杀手级应用是短信，3G 时代的杀手级应用是手机 QQ，4G 时代的杀手级应用是微信、抖音、移动支付等各类 APP。正是这些无可替代的杀手级应用，构成了普通人记忆中技术变迁的坐标。那么，属于 5G 时代的杀手级应用是什么呢？

2019 年 4 月，三大运营商频繁动作，都发布了针对重点垂直领域的"5G+"计划。中国电信的"5G+"包括 5G+ 智慧警务、5G+ 智能交通、5G+ 智能生态、5G+ 智慧党建、5G+ 智慧医疗、5G+ 车联网、5G+ 媒体直播、5G+ 智慧教育、5G+ 智慧旅游、5G+ 智能制造等；中国移动的"5G+"包括 5G+ 智慧城市、5G+ 工业制造、5G+ 金融、5G+ 交通、5G+ 物流、5G+ 医疗、5G+ 教育、5G+ 农业、5G+ 媒体娱乐等；中国联通的"5G+"包括 5G+ 无人驾驶、5G+ 智慧医疗、5G+ 智慧环保、5G+ 智慧能源、5G+ 工业互联网、5G+ 智慧物流、5G+ 新媒体、5G+ 智慧港口等。

"5G+ 行业"的本质是面向垂直行业的具体企业的个性化需求，打造

定制化的解决方案，并以端到端的 5G 网络切片实现。面向重点垂直行业的典型"5G+ 行业"应用，实际上就是 5G 的杀手级应用。现实中就有用 5G 技术深耕重点垂直领域取得成功的例子，大唐移动（以下简称大唐）就是其中之一。

大唐在 5G 领域极具实力，在技术研究层面，大唐在无线移动物理层、空口（空口的全称是"空中接口"，它是一个形象化的术语，是基站和移动电话之间的无线传输规范）协议、无线网络架构、核心网架构等移动通信领域的 20 多个关键技术方向开展研究工作，并在大规模天线技术、超密集组网、新型多址接入、车联网技术、高频段传输、控制与转发分离架构、网络切片、移动性管理等多个技术领域取得了大量成果，处于业界领先地位；在标准方面，大唐全面参与了 5G 标准第一个版本的制定，推动大量关键技术进入国际标准；在技术创新领域，大唐在大规模天线、超密集组网、非正交多址、TDD 帧结构与空口设计、新型接入网架构、核心网架构、移动性管理、网络安全、车联网应用等技术领域取得突出成果，处于领先地位。尤其在大规模天线方面，大唐借助在 3G 和 4G 所提出的 TDD 智能天线波束赋型技术积累及新技术研发，推动大规模天线的波束赋型传输技术成为 5G 最为核心关键技术；在 5G 产业化方面，大唐加强与伙伴的全面战略合作，在无线网、核心网、可信云平台等方面研发端到端解决方案，2018 年已经具备端到端预商用能力。

大唐在其 2018 年 6 月发布的《5G 业务应用白皮书》中优选与 5G 结合点较强的十大应用领域进行深耕，包括赛事 / 大型活动、教学培训、景点导览、视频监控、网联智能汽车、智能制造、智慧电力、无线医疗、智慧城市、产业园区等。基于 5G 技术储备，大唐积极与运营商以及相关重点垂直行业合作，深挖垂直行业需求，形成定制化的端到端 5G 解决方案，并探索合作共赢的新型商业模式，并且已经构建形成了覆盖车联网、智能制造、智慧教育、智慧电网、智慧旅游、智慧园区、智慧农业、智慧党建等领域的 5G 产业生态链。

　　总之，属于 5G 时代的杀手级应用，就在重点垂直领域，以及通过"5G+ 行业"打造相应的 5G 生态。这也是 5G 的生命力所在！

5G对产业转型和变革的影响

5G商用开始后，产业界各方积极筹备，5G网络的初步部署如火如荼。这将促成极致的用户体验，推动物联网创新，助力实现数字化，确保用户认证和用户隐私，加速万物互联和在线化，保护产业投资，从而对产业转型和变革带来深刻影响。

5G将成为促成用户体验的转折点

5G 网络经过初步部署，其 Gbps 级接入速率已经超越互联网接入以及视频通信应用流量的基本速率，终端用户体验开始发生本质变化，就像网络有无限的容量一样，即使相距天涯，亦可获得近在咫尺的零距离感受，这是高品质的体验。

事实上，移动通信的联结一直在向纵深扩展，从基于语音、短信的联结发展到基于数据、视频、全息的联结，把移动通信推向更广阔的空间，迈入 Gbps 时代，从而为用户提供了全新的体验。

以下载速率为例，根据 IMT–2020 要求，5G 的峰值数据传输速率预计可高达 20Gbps，峰值传输速率甚至能够达到 25Gbps。所谓 25Gbps，简单来理解，就是下载速率差不多是每秒 3.125GB。这也正是很多宣传表示使用 5G 可以秒下高清电影的原因。

5G 不仅是固移融合的原生平台，从新生业务的角度来看，其 Gbps 级接入速率更使其成了云游戏的原生平台，将使云游戏业务大规模普及，AR 技术将得到更加广泛的应用，许多行业的现场维护与现场服务也将因此受益。

5G将催生物联网创新与变革

5G技术能够满足机器类通信、大规模通信、关键性任务通信对网络速率、稳定性和时延的高要求，因此5G在物联网领域的应用场景十分广泛。特别是在5G原生的低时延平台的基础上，很多领域如车联网、无人驾驶的毫秒级时延的实时应用，将催生物联网创新与变革，为各行各业带来新的增长机遇。

此外，据赛迪顾问发布的《2018年中国5G产业与应用发展白皮书》预计，到2025年，中国物联网连接数将达到53.8亿，其中5G物联网连接数达到39.3亿。这也说明了5G对物联网的深远影响。

5G将万物互联，许多场景即将成为现实，其中许多都与消费者有关。比如，基于增强现实、虚拟现实、远程呈现和人工智能等基础技术构建的应用程序将受益于海量数据管道和超低时延；提供堪比光纤速度的在线服务将为有线电视公司和流媒体订阅提供商提供UHD（UHD是"超高清"的意思，其应用在电视机技术上最为普遍，比如UHD超高清电视）视频流和全新的商业模式；智能汽车和无人机将通过低时延网络相互通信并协调周围的事物，从而作为连接工业和消费者的新通道……5G万物互联下的许多场景，使我们能够更接近真实的物联网世界。

总之，在5G通信技术的基础上，人们对于物联网技术的创新将会不断地加大，这样一来，物联网的其他潜在的功能和作用也将会被充分地挖掘出来，从而为人们提供更好的服务。

5G是实现行业数字化的支柱型技术

5G 在行业应用过程中不可能为每个行业建设一张独立的网络，这既不经济也不现实，但 5G 网络则像是一套物理网络，能够为不同垂直行业在同一套物理基础设施上生成相互隔离的不同的网络切片，从而满足不同行业的个性化需求。这种端到端的 5G 网络切片技术是实现行业数字化的支柱型技术。

在无数个端到端的网络切片中，每个切片其实都是一个相对独立的自治子系统，其安全性是 5G 网络的独特技术所特有的，可以针对不同的行业应用需求来进行对端到端应用的可信安全适配，从而为运营商带来新的机会。基于 5G 网络切片技术，运营商就可以结合自身业务特点，采取差异化的切片策略构建相互隔离的逻辑网络，从而实现对业务的定制化承载，诸如更快的网络定制、试错，以及实时的调优、改进等。

在应用方面有一个典型案例是中兴提出的基于 5G 切片的解决方案。该解决方案可以提供灵活的组网、切片在线迁移、切片能力开放、5GLAN/TSN 等关键技术及解决方案，再结合 MEC，可以支撑和满足行业应用数字化中的各种需求。以组网为例，根据行业应用不同的覆盖范围和安全隔离需求，中兴提供封闭场景、半封闭场景和开放场景等切片部署解决方案。封闭场景如工业园区、生产车间等；半封闭场景如同一个终端可能同时接入园区内部或者外部的切片；开放场景如车联网、智能电网等。针对不同场景特性，通过 5G 切片提供灵活的组网。比如其中的封闭场景，在工业园区内部署整个 5GC，包含 AMF、SMF、UPF、UDM 等，同时园区内可以根据业务需要构建不同的小微切片进行连接。对于切片管理系统，可以部署在工业园区，企业自己对切片进行运维，或者部署在运营商数据中心，园区切片由运营商代运维。

5G可以确保用户认证和用户隐私

　　用户认证和用户隐私是一个很现实的问题。随着越来越多的生态合作伙伴参与到构建 5G 端到端服务中来，用户的安全和隐私问题也变得越来越复杂。比如发生在 2018 年的剑桥分析公司收集 Facebook 用户数据的丑闻，以及影响多达 5 亿人次之多的万豪酒店黑客入侵事件，无不暴露出用户隐私和数据安全的严峻程度。

　　万物互联时代，用户认证和用户隐私的问题是客观存在的，而要解决这个问题需要从网络到用户的整个过程中对安全性进行管理。在这方面，5G 网络恰恰就是原生的安全业务平台，完全可以胜任这项工作。

　　5G 网络架构延续了 4G 的无线接入网与核心网的安全分离架构，即 PDCP（分组数据汇聚协议）层加密和 IPSec（协议包）加密，并且进一步强化，从而在无线接入网中见不到用户数据。这样一来，不仅可以确保 5G 网路无线接入的数据安全，还可以确保用户认证和用户隐私。

5G将加速万物互联和在线化

对于通信技术而言，2G解决了人与人的语音通信，3G解决了信息文本的通信，4G解决了图像传输的问题，5G加速了万物互联。5G网络具有更高的速率、更宽的带宽、更高的可靠性和更低的时延，能够实现万物互联。5G时代最大的特点就是万物互联。

作为原生的海量连接平台，5G网络有广泛的商业可用性，并且在应用过程中速率、带宽、可靠性和低时延等特性会越来越成熟，完成升级后将会进一步加快万物互联的速度。

与此同时，网络自动化是不容忽视的趋势。从技术上说，基于服务架构的5G核心网本身是网络自动化的原生平台；5G网络将普及物联网连接服务，由此衍生的电信服务提供商将更进一步，不仅为企业提供管理联网设备，而且可以在设备的整个生命周期内对其进行管理并确保其安全性。

5G网络的海量连接和自动化这二者的功能叠加，将会让万物皆可在线显示，并且是默认在线显示，从而实现万物在线化。

由于万物互联的加速和万物在线化，5G的业务模式和定价模式将发生巨大转变，越来越多的电信运营商将改变自身的业务模式，从单一的产品销售转变到销售增值服务。举例来说，企业将不再仅仅购买一台机器，还将购买相关服务。

此外，这种转变也将使电信运营商改变自己物联网服务的业务模式与定价策略。在业务模式方面，企业可以根据自身需求，或选择基于流量的商业模式，或选择基于切片的商业模式，或选择基于平台的商业模式。定价策略则是重在创新，原来多是基于用户使用量的定价，目前已鲜有人对流量定价模式进行深入研究了。改变原有定价策略重在创新，比如，利用网速等级进行定价，按照新场景中现有数据传输采集系统的价值评估进行定价等。

5G前向兼容，节省建网投资

5G 的设计原则是前向兼容，以支撑 5G 网络的敞口创新，引入新业务。具体来看，3GPP 的 5G 标准不断前向兼容，其规划中的 R15 和 R16 两个版本能够支持新业务引入，这样就不需要重复建网了，从而可以节省建网投资。

实现 5G 的应用，首先需要建设和部署 5G 网络。因此，这里需要先介绍一下 3GPP 对于 5G 网络的部署情况。

3GPP 于 2016 年 6 月制定的标准中，共列举了 8 种 5G 架构选项，包括 Option1、Option2、Option3 ／ 3a、Option4 ／ 4a、Option5、Option6、Option7 ／ 7a 和 Option8 ／ 8a。其中 Option1、Option2、Option5 和 Option6 属于独立组网方式，其余的属于非独立组网方式。在 2017 年 3 月发布的版本中，3GPP 优选了（并同时增加了 2 个子选项 3x 和 7x）Option2、Option3 ／ 3a ／ 3x、Option4 ／ 4a、Option5、Option7 ／ 7a ／ 7x 5 种 5G 架构选项。独立组网方式还剩下 Option2 和 Option5 两个选项。

3GPP 的 5G 标准规划包含 R15 和 R16 两个版本。2018 年 5 月 21 日至 25 日，3GPP 确定 5G 商业化的相关标准技术，预计在 6 月前确认标准，9 月进入冻结状态，标志着第一版 5G 技术出炉，R15 版本全部完成。R15 标准分为两个子阶段。第一个子阶段 5G-NR（New Radio）非独立组网（选项 3，其主要使用的是 4G 的核心网络，分为主站和从站，与核心网进行控制面命令传输的基站为主站）特性计划完成于 2017 年 12 月，2018 年 3 月冻结 ASN.1；第二个子阶段 5G-NR 独立组网计划于 2018 年 6 月完成，9 月冻结 ASN.1。R15 标准基本上实现了所有 5G 的新特性和新能力，并重点满足增强型移动宽带和超高可靠低时延通信应用需求。

3GPP 的 5G 标准规划中的 R16 版本计划完成于 2019 年 9 月。R16 版本可以全面满足 eMBB、uRLLC、mMTC 等各种场景的需求。预计 2021 年会部署新的 R16 阶段，会有全新的 5G 新空口技术推动 5G 生态系统的演进和拓展，实现更广泛的生态系统，再往后还有 R17、R18……

5G 标准规范还远没有完成，仍在制定和演化之中。5G-NR 标准的不断演进使其可以原生地支持新特性及新需求，比如 R16 版本提供完整的高可靠连接能力，以及 V-2X 和工业物联网的基本能力。而这些业务的引入不需要重复建网投资。在 5G 网络建设期，全球主流电信运营关注的是网络建设的低成本和高效率，而 5G 网络的前向兼容将产业的每比特成本降低了 10 倍以上，并促成大幅度的能效提高。

第六章

5G在重点垂直领域的应用及特点

　　我国5G在各垂直领域的试点应用发展极为迅速，尤其是在进入2019年后，其发展呈现井喷之势。本章选取自动驾驶及车联网、高清/VR直播、智慧医疗、智能电网、智慧城市等几个有代表性的重点垂直领域来展示5G应用情况及特点，为运营商、通信设备商、垂直领域传统厂商，以及地方政府部门提供参考，以期推进我国5G的进一步应用。

自动驾驶及车联网领域：高阶道路感知和精确导航

自动驾驶及车联网是 5G 应用的重要领域。智能网联汽车、自动驾驶、编队行驶等技术的发展和实现，需要安全、可靠、低时延和高带宽的信息传输，以提供高阶道路感知和精确导航服务。而这些需求只有 5G 可以同时满足。5G 在这一领域的应用情况及特点如下：

第一，在自动驾驶快速发展的过程中，汽车制造厂商、通信运营商、通信设备商不再各自为战，开始跨界联合，或成立联合研发中心，或执行联合研发与试验项目，从而形成了强有力的研发与试验合力，共同破解重点技术难题，探索运营模式，积极推进自动驾驶应用。

2018 年 11 月 28 日，大唐网络联手大唐移动、厦门金龙汽车集团公司落地首个 5G 智能网联汽车运营项目，首辆"5G 公交"在厦门集美区"BRT 正式运营环境"测试成功。

2018 年 12 月 5 日，中国电信在成都的"5G 第一车"公交车缓缓驶入成都二环 BRT 双林北支路站台，标志着全国首条 5G 公交环线正式开通。中国电信通过 5G 高速率、低时延和大连接，实现了二环环线全程 28KM 的全覆盖。"5G 第一车"开通后，广大市民可通过预约进行 5G 体验，成都或有望成为全国首批 5G 开通城市。

2019 年 1 月 15 日，长安汽车和华为全面深化战略合作落地暨联合创新中心揭牌仪式在长安汽车股份有限公司举行，在 5G 元年到来之际，双方将在智能化、车联网和新能源等领域进行深入探索和合作。通过联合创新中心的建立，双方在智能化领域 L4 级自动驾驶、5G 车联网、C–V2X 等 10 余项前沿技术方面的合作就此展开。此外，双方还将共同打造智能电动汽车平台。

第二，基于 5G 的试验场或实验平台是智能网联汽车走向实用的试金石，这些试验场能促进智能网联汽车落地应用。

2018 年 11 月 15 日，天津联通联合中国汽车技术研究中心、华为，共同打造国内首个 5G+V2X 融合网络无人驾驶业务试点，试点路段总长 5 公里，共设置 12 个测试项目和 7 个障碍点，无人驾驶车辆时速可达 120 公里，旨在打造国内车辆最高速、测试最全面的智能网联无人驾驶示范区。示范区依托 5G 大带宽、低时延、高可靠的通信能力，结合 V2X 短距传输、高安全特性，通过车与万物（基础设施）互联、全量信息上云台、云台指令或地图实时下发的方式，实现车辆在 5G 网络下的 L4 级别无人驾驶业务应用。

2019 年 2 月 1 日，中国移动湖北公司与武汉经济技术开发区正式签约了湖北首个国家级新能源和智能网联汽车基地，双方将在车、路、云协同领域开展大量创新，聚焦智能汽车和智慧交通发展研究、应用示范项目建设、产业生态体系这三项重点任务，按照国内领先、世界一流的要求，共建国家新能源和智能网联汽车基地，力争率先实现 5G 全场景智能网联汽车技术试验及示范运营，助力汽车产业高质量发展。2019 年 10 月起，逐步升级半开放和开放道路示范区，建成新能源和智能网联汽车试车场，以吸引新能源和智能网联汽车产业入驻，建成在全国有影响力的汽车产业集群。

第三，一些重点城市以区域试点或重点项目为牵引，制定智能网联汽车整体发展规划，在未来 5G 试点及部署前期实现稳步领先发展。

北京市制订的《智能网联汽车创新发展行动方案（2019—2022 年）》提出，北京市将拓展高速路、快速路等自动驾驶测试种类，推动在延崇高速、京雄高速、新机场高速等高速路，城市主要环路、城市联络线等快速路的智能网联环境、监控测评环境建设，施划智能网联专用车道，研究在规定路段开展智能网联车辆测试试点。该方案称，未来 4 年主要围绕"车、路、云、网、图"五大关键要素，协同推进创新能力建设，打造北京智能网联汽车产业链的整体优势；建立一套测试与示范应用体系，形成研发、生产、服务、应用的良性互动，推动智能网联汽车产业和新型交通服务体系加速发展。

上海市制订了《上海市智能网联汽车产业创新工程实施方案》，其主要目标是，到 2020 年，保持并巩固上海智能网联汽车在全国的领先地位，力争在局部领域达到全球领先水平，努力建成全国领先、世界一流的智能网联汽车产业集群。

广州积极推进基于宽带移动互联网智能汽车与智慧交通应用示范区创建工作。在智能网联汽车研发方面，广州市积极推进智能网联汽车和汽车电子省级制造业创新中心的筹建工作。在智能网联汽车检测方面，中汽中心华南基地项目在增城区开工，将打造成为以汽车整车、关键零部件和新能源汽车产品检验检测为核心的公共技术服务平台和区域性总部基地。中国电器科学研究院有限公司获批筹建"国家智能汽车零部件质量监督检验中心"。

深圳以多元化、包容化、定制化的理念制定智能网联汽车道路测试政策，陆续发布了《深圳市关于贯彻落实智能网联汽车道路测试管理规范（试行）的实施意见》《深圳市智能网联汽车道路测试开放道路技术要求》，并公布了全国路测开放道路里程最长的《深圳市智能网联汽车道路测试首批开放道路目录》等，切实推动智能网联汽车道路测试的落地实施。

高清/VR直播领域：快速响应式和身临其境的体验

高清直播或 VR 直播性能提高最直接的影响因素是时延。5G 端到端的时延可以降低到 1 毫秒，这个特点可以支持快速响应式和身临其境的 4K 或 8K 体验。5G 在这一领域的应用情况及特点如下：

第一，5G 在多项文娱和体育赛事活动中呈现出强大的信息高速传输能力，其大带宽、低时延等优势使高质量直播得以实现。

2019 年春晚的直播，在 5G 技术的加持之下首度推出 4K 高清版本，北京歌华、广东、上海东方、浙江华数、南京、四川、陕西广电网络和深圳天威等的用户，可通过当地有线电视网"央视专区"互动电视平台点播 4K 超高清春晚转播。

2019 年"两会"期间，中央广播电视总台首次使用 5G+4K 设备带来移动直播，央视新闻移动网研发的 4K 超高清摄像机，能够拍摄出比传统摄像机清晰度高两倍的画质，让观众在直播中看清两会的每一个细节；摄像机上的中兴 5G 手机 Axon10Pro，利用其便携式的网络推流，用 5G 信号将画面传输给观众。这套设备的使用，是将目前最顶尖的设备结合在一起，一个拍得清晰，一个传输得快，将设备的优势最大化，弥补从前移动直播的很多不足。另外，中兴 Axon10Pro 手机上还可以实现导播台的功能，记者在现场报道"两会"时，可以直接在手机上操作，实现四个摄像机位随时随地切换画面，方便快捷。这样，记者在直播过程中就能自己控

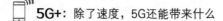

制直播设备，更好地控制现场，从而实现更为实时便捷的报道。

第二，4G时代，由于信息传输速率受限，VR用户会有一定程度的眩晕感，尤其在联网的VR中更加明显。5G通信技术直击4G时代痛点，很好地解决了这一问题。

5G+VR给用户带来的体验有：2019年2月3日，中国联通携手江西广电推出首台基于5G网络的超清全景VR春晚，实现沉浸式360度8KVR春晚播出。场馆内外多台6目8K超高清VR全景摄影机同步拍摄，呈现360度的视觉效果，经过拼接和视频编解码处理后，再通过5G网络实时快速回传，对VR眼镜、手机等不同终端实现视频转码。此外，还有2019年以来北京联通实现全球首次"5G+VR"冰球全景直播、三大运营商通过5G网络以及360度VR等技术设备对成都烟花秀进行网络直播、山东联通和华为等企业合作对山东省"两会"进行VR直播，等等。

智慧医疗领域：诊断精准，治疗有效

医疗领域的 5G 应用主要是诊断和治疗，属于特殊的一类应用，用 5G 网络诊断和治疗格外依赖于 5G 网络的低时延和高服务质量的保障特性。其具体应用情况及特点如下：

第一，5G 在智慧医疗领域的应用现在备受关注。运营商与医疗机构或医疗设备商合作，一方面致力于智慧医疗整体解决方案的构建和实施，另一方面积极开展专项试验，推动 5G 医疗应用项目落地。

2018 年 5 月，河南省发改委和河南移动签署了《推动河南 5G 规模组网及应用示范发展战略合作协议》，根据此项协议，河南移动与郑州大学第一附属医院国家工程实验室等省内主要医疗机构联手建设了国内首批 5G 医疗应用示范项目，可以满足应急救援、远程医疗、院内信息化、院间协同等医疗无线应用场景的需求。该项目重点开展基于 5G 网络的移动急救、远程会诊、机器人超声、机器人查房、医疗无线专网、远程医疗教学等应用研究，各种远程医疗技术在 5G 网络的应用得以实现。

2019 年 2 月，青岛移动联合海信集团在海信研发中心开通了两处 5G 基站，对海信园区 5G 重点实验室的全覆盖、5G 医学影像大数据量高速传输、5G 实时高清远程会诊等应用成功完成了测试。除此以外，双方还开展了 5G 远程急救车、远程超声设备、计算机辅助手术系统等方向的研究。

第二，随着 5G 时代的来临，5G 网络大带宽、低时延、高可靠性的优

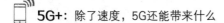

势，能够在技术层面为远程医疗提供强有力的支撑。目前，基于5G网络的远程医疗应用已经试验成功，相关试验证明了5G远程诊疗的可行性。

2019年6月20日下午，在湖北省5G+智慧医疗发布会上，国药东风总医院与国药汉江医院展示了5G技术运用于省内首例甲状腺疾病患者远程超声诊断场景的振奋一幕：在国药汉江医院的B超室里，医师通过5G远程超声系统向远在70公里外的国药东风总医院5G远程超声诊断中心发出诊断报告。这标志着国药汉江医院运用5G技术与三级甲等医院进行了有效对接，对医院后期技术水平的提高有着重要意义。

智能电网领域：广泛覆盖、快速部署

5G 系统具有高速率、低功耗、低时延、覆盖更广和应用领域更广泛等特点，不仅适用于电网广域分布式监控，还可广泛应用于以可再生能源为主要电源的市场。其具体应用情况及特点如下：

第一，电力通信网作为支撑智能电网发展的重要基础设施，行业巨头公司的战略可以保证各类电力业务的安全性、实时性、准确性和可靠性要求。电信与电力巨头联合，两大系统高效合作，从顶层推动了 5G 落地应用。

2018 年 6 月 27 日，南方电网、中国移动和华为在上海联合发布的《5G 助力智能电网应用白皮书》指出，智能电网作为新一代电力系统，具有高度信息化、自动化、互动化等特征，未来的智能电网将是一个自愈、安全、经济、清洁，能够提供适应数字时代的优质电力网络。白皮书介绍了智能分布式配电自动化、用电负荷需求侧响应、分布式能源调控、高级计量、智能电网大视频应用等五大类 5G 智能电网典型应用场景的现状及未来通信需求，并提供了智能电网端到端网络切片解决方案。此外，中国移动还在发布会上与南方电网举行战略合作框架协议签约仪式，双方将在 5G 创新应用等领域继续开展深化合作。2019 年 2 月，上述三个行业巨头公司共同完成了 5G 智慧电网的外场测试，验证了 5G 低时延及端到端切片的安全隔离能力，也验证了 5G 在电网应用的可行性。

2018 年 12 月 6 日，在广州举行的中国移动全球合作伙伴大会开幕首日，广东移动与南方电网、中国信息通信研究院、华为共同启动了面向商用的 5G 智慧电网试点与 5G 应用创新中心。依托 5G 应用创新中心，广东移动联合华为在深圳坂田打造了首个 5G 智慧园区，并与南方电网、华为以及中国移动政企分公司、中国移动研究院就 5G 智慧电网课题进行了深度合作。目前，已开展的智慧电网探索包括分布式配网差动保护、应急通信、配网计量、在线监测等方面。

第二，光伏发电领域是 5G 落地智能电网的重要场景。5G 技术能有效解决光伏云网所面临的用户数量激增、海量分布式数据难以采集、广域覆盖难以保障等难题。

2019 年 1 月 30 日，中国移动携手华为，联合国家电力投资集团有限公司在江西光伏电站完成全国首个基于 5G 网络的、多场景的智慧电厂端到端业务验证，通过中国移动 5G 超大带宽、超低时延、超高可靠的网络，成功实现无人机巡检、机器人巡检、智能安防、单兵作业 4 个智慧能源应用场景。这是 5G 技术在智慧能源行业应用的重要突破。无人机巡检、机器人巡检场景中，国家电投通过位于南昌的集控中心应用平台远程操控位于江西九江的共青光伏电站无人机、机器人进行巡检作业，电站现场无人机、机器人巡检视频图像实时高清回传至南昌集控中心，实现数据传输从有线到无线，设备操控从现场到远程。智能安防场景中，通过全景高清摄像头，实现场景实时监控及综合环控。单兵作业场景中，通过智能穿戴设备的音视频和人员定位功能，实现南昌专家对电站现场维检人员远程作业指导。

智慧城市领域：5G时代的"智慧城市"建设

智慧城市是 5G 重要应用领域之一。5G 为智慧城市的安防、物流，以及铁路、航空、公路和水路等方面提供了直接的处理计划，带来多方面社会效益和经济效益。5G 创新了城市应用，丰富了智慧城市内涵，是实现智慧城市的技术途径。在这一领域，5G 的应用情况及特点如下：

第一，全国大量大中小城市均在开展智慧城市建设，出台政策或规划，进行 5G 的部署，积极开展 5G 时代智慧城市建设。

2018 年 12 月，作为全国首批 5G 试点城市之一的贵阳市正式发布多项 5G 应用示范项目成果，大部分为智慧城市中的场景，包括基于 5G 的无人驾驶、无人机、VR 和 AR、智慧交通管理、智慧市政管理、智慧消防、智慧安防、智慧医疗、智慧校园、智能制造、智慧园区、智慧社区以及智慧乡村、智慧酒店、智慧超市、智慧美食等 5G 应用场景。贵阳市积极开展 5G 技术科技研究和应用试点，目前，上述这些场景应用示范已初步实现。

2019 年二三月，甘肃省天水市和金昌市都与中国电信甘肃公司签署了《5G 新型智慧城市战略合作协议》，协议中，中国电信甘肃公司把这两种城市都作为"5G 新型智慧城市建设"重大投资项目落地实施的重点区域。在天水市政府于 2 月 20 日与中国电信甘肃公司签署的《5G 新型智慧城市战略合作协议》中，中国电信甘肃公司计划在 2019 年至 2023 年投入约 14.7 亿元用于天水市 5G 新型智慧城市建设，重点推进 5G 网络建设，加快

5G 应用在公共服务、公共安全、城市管理、智慧产业等领域的落地实施；在金昌市政府于 3 月 7 日与中国电信甘肃公司签署的《5G 新型智慧城市战略合作协议》中，中国电信甘肃公司将重点推进 5G 网络建设，加快 5G 应用在公共服务、公共安全、城市管理、智慧产业等领域的落地实施。

第二，建设智慧城市，涉及安防问题，5G+ 无人机可以广泛应用于安防等领域，5G 技术能够增强无人机运营企业的产品和服务，以最小的时延传输大量数据。

2019 年 1 月，国内首个 5G+ 无人机城市立体安防在青岛试商用，这是青岛联通携手青岛市北商务区建设的城市立体安防系统。该系统借助 5G 网络低时延的特点，操作员通过控制中心向无人机发送控制指令进行飞行状态的远程遥控。无人机挂载 CPE 和 360 度摄像头，进行高空城市安防视频拍摄，通过 5G 网络回传至市北区城市治理指挥中心，在指挥中心大屏视频实时显示的同时，将摄像头采集的人脸信息与指挥中心数据库进行比对，实现安防重点人群的防控。该项目的启用将极大提高商务区管理能力，为商务区安全保驾护航。

第三，5G 和物联网的使用将为智慧城市建设实时提供大范围、广泛分布的货物和人的信息。物流公司选定物联网等方向，与运营商开展合作，可以探索和试验 5G 在物流领域更广泛的应用场景。

2018 年 9 月 26 日，广东联通与德邦快递达成合作协议，双方将共同组建 5G 联合创新实验室，并在产业资源方面进行合作，为探索未来大数据、物联网、移动网、云平台等方面的合作打下良好基础。其中，在物联网方面，实验室将对干线物联网、最后一公里物联网、冷链物流等方面进行探索。

2019 年 1 月 24 日，中国联通网研院与京东物流在京东集团总部签署战略合作意向书，共建"5G+ 智能物流"新生态。双方将根据合作协议开展紧密合作，共同成立5G、边缘计算、物联网等通信网络物流创新实验室，探索5G在智能园区、智能物流领域的应用场景，打造联通与京东物流"5G示范园区""智能物流园区"和"5G+智能物流"相关产品，树立5G和物流结合的示范标杆。

第四，在智慧城市建设过程中，水路、铁路、公路、航空等不同交通领域均开始或准备试水5G应用，以解决本领域相关问题。

2019年1月，全国首个5G地铁站在成都正式开通，该地铁站是全国第一个覆盖5G信号的地铁站；同年同月，中国联通应用新型5G数字化室内分布技术，实现广州白云机场航站楼的5G覆盖；同年2月，全球首个5G火车站在上海虹桥开建，车站将采用5G室内数字系统，网络峰值速率可达1.2Gbps。

2019年6月13日，全国首个5G+航空智慧小镇落户浙江建德。建德实现了5G网络全覆盖，5G网络凭借高速率、短时延、大带宽的特点，对人、车、资产设施进行链接，实现数据全融合。比如模拟机项目，它的驾驶舱和真飞机一模一样，有标准的仪表盘、各类按键指示灯、"T"字形操纵杆等。在模拟飞行中，所有设备都会真实反映飞机当下的状况，体验者可以动手操作飞机起降、滑行、空中改变航向等一系列动作。

第七章

5G在20个行业的应用前景展望

5G是随着物联网设备数量增加及数据量增加而开发出来的新时代产物，它已经影响了目前市面所能看到的大部分的行业。全球知名创投研究机构CBInsights列出了5G将会改变的20个行业和领域，诸如制造业、农业、零售业、教育业、保险业等。学习借鉴国内外的5G应用经验，展望5G应用前景，或可从中发现5G带给我们的新商机。

制造业：5G催生"智能工厂"

对于5G给制造业带来的影响，从国内外众多业界专家的观念来看，主要集中在以下几方面：带来更快的人机交互速度，并连接更多的设备；使机器人更安全，例如诺基亚和博世已经在开发可以通过5G连接无线控制的取放机器人；令工厂布局和重新配置装配线变得更简单，因为不需要布线了；为机器人生产系统提供更大的灵活性和成本优势；实现未来工厂到个人的定制；降低生产本身的运营和管理成本。总的来说，5G给制造业带来的帮助，将使制造商能够利用自动化、人工智能、AR以及物联网来达到"智能工厂"的目的。

在智能工厂中，透过5G移动网络远程控制、监控及重新配置，能够让机械及设备自我优化达到生产线及整体规划简化的效果。此外，未来工业机器人将越来越多地代替工人，去恶劣危险的环境完成任务。而5G技术结合AR或者VR，能实现实时的人机智能远程交互和智能控制，这可以大大提高效率和安全性。因为5G网络持续提供强化的网络质量，并支持所需要的高带宽和低时延。这意味着在工厂的环境中AR可以支持培训、维护、施工及维修。

美国电话电报公司和三星合作创建了美国首个以制造业为主的5G创新区，来测试及展示5G在制造业的应用，比如测试健康和环境传感器、工业物联网和机器人的应用等。其目标是让制造工厂在生产过程中更加智能化。

　　浙江在"5G+智能制造"试点示范工程方面，提出要开展"5G+工业互联网"试点示范，重点企业要打造人、机、物全面互联的工厂物联网网络体系。推进5G与物联网、人工智能的融合应用，实现工业视觉检测、工业VR和AR、无线自动化控制、云化机器人、物流追踪等应用，以及制造装备的自感知、自学习、自适应、自控制。推广"5G+智能制造"新模式，滚动实施500个智能制造应用示范项目，建设"无人车间""无人工厂"。

能源：5G让能源管理提效降本

5G可以为现有能源产业的生产、传输、分配及使用带来创新的解决方案，并且有望发展出下一波智能电网，有更强大的功能和效率。5G技术通过连接更多的智能电网，让能源管理变得更加高效，从而降低电力峰值和整体能源成本。

中国铁塔是全球最大的通信铁塔基础设施服务商，其数量庞大的通信铁塔多数建在荒山野岭，可以说没有哪种分布式能源项目比通信铁塔的能源系统更"分布式"了。该能源系统实现了风、光、储、充相结合的电力供应：一是利用分布式光伏风电（并网或离网）给蓄电池充电，自发自用或余电上网；二是把储能系统里的铅酸电池替换成梯次利用的动力电池，离网供电或并网削峰填谷；三是把靠近城镇枢纽的铁塔储能余电反过来建充电桩，给电动车充电；四是通过自身5G网络优势，建设一个监控运维一体化的智慧能源综合服务平台。

不难看出，在5G网络通信的支持下，中国铁塔创新了分布式能源的应用场景。

5G不仅能助力智能电网的发展，还能很明显地延长电池相关设备的使用寿命，有的可以长达10年。这使得大规模部署物联网传感器能够成为能源产业更实用的解决方案，能够减少成本并提高安全性。

美国高通公司新推出的5G多模芯片——骁龙X55调制解调器，得益

于 7 纳米工艺，采用骁龙 X55 的 5G 终端，其功耗更低，续航更强。这款
7 纳米多模处理器可以运行在 2G、3G 和 4G 网络以及新的超快 5G 网络上，
也就是说，借助骁龙 X55 调制解调器，便可实现设备的 2G 至 5G 网络全
覆盖，其使用范围非常广，除了智能手机外，移动热点、固定无线、笔记
本电脑、平板电脑、汽车、XR 终端、物联网设备等都支持，可以在各种
联网终端上带来 5G 体验。高通表示，骁龙 X55 可以明显提高网络容量和
效率，主要有两点：一是 4G、5G 共享频段，运营商可以在同样的频段上
同时支持 4G、5G 用户和终端，省去重复建设，增加网络部署灵活度；二
是支持全维度的 MIMO，在垂直维度上增加波束束形和指向的改变，让网
络侧 LTE 技术标准天线阵列支持更多的天线数量。

农业：5G优化和创新农业生产场景

5G 将打造智慧农业，对农业活动进行跟踪、监测、自动化和分析。目前，不少国家如荷兰、英国及中国部署 5G 技术与可穿戴设备、无人机等，优化和创新生产管理场景，改善农渔业生产。

英国已将 5G 覆盖至许多农村地区。为解决大规模农场人力难以监管等问题，英国发布了 5G 智慧牧场物联网计划。在牧场中，牧场主将传感器安装在母牛的腿部和项圈上，利用 5G 网络了解牛的实时信息，牧场主只要透过智能手机，下载相应的 APP 就可监控母牛状态。

事实上，我国不少牧区也已经实现了类似英国牧场的远程监管，利用 5G 网络进行监管非常便利。除此之外，牲畜的育种选择、生长状况、饮食优化、疫情预防等信息不仅能第一时间被牧区经营者掌握，每个品种还均能根据牧场实际情况生成最佳的饲养模型。

荷兰皇家电信 KPN 与中兴通讯及其他合作伙伴一起，于 2018 年 10 月共同完成了荷兰首个 5G 智能农业外场商用演示。此次外场演示是在荷兰的一个马铃薯农场进行的，主要是利用无人机对马铃薯农场进行高清照片拍摄和采集，并通过 5G 移动网络将采集的照片回传至服务器，对马铃薯作物进行精确的实时保护，整个采集回传所用时间由原来的两天缩短至现在的两个小时。

在 5G 网络中，土壤温湿度传感器和智能气象站可远程在线采集土壤旱情、酸碱度、养分、气象信息，实现旱情自动预报、灌溉用水量智能决策、远程自动控制灌溉设备，最终达到精耕细作、准确施肥、合理灌溉的目的。例如，利用各种传感器，大棚种植户可以收集到有关土壤湿度、土壤营养成分、二氧化碳浓度、空气湿度，以及天气等数据信息，然后通过无线网络，把这些数据传输到数据中心进行分析。他只需坐在电脑前，便可以查看有关农作物的生产数据。是否缺肥缺水，或出现什么病虫害，根据采集的数据就可以做出相应的对策，从而实现更加精准、科学的管理。此外，5G 实时发送的图像数据可以让农民了解到农作物生长状况，方便农作物管理；消费者也可以在线观看作物的种植状况，吃得更加放心。

　　无论从现实还是从长远来说，5G 能将物联网"万物互联"的特性彻底解放出来，物联网技术及设备的落地应用，将会优化整个农业生产过程，使现代农业的自动化、信息化、智能化水平显著提高，为农业生产管理效率的提高、农产品质量产量的提高等提供巨大的帮助。

零售业：5G技术发挥底层驱动力

5G 提供的其实是一种底层能力，或者说是基础设施。对于零售业来说，5G 底层技术能力驱动下的数字化升级可以提高供应链效率，5G 网络的万物互联可以实现智慧零售，5G 通过 VR 和 AR 应用可以创造新的消费体验。

5G 时代，物联网、大数据、人工智能、云等促进了供应链的数字化升级，实现商品采购、库存、物流、销售、退货等供应链各个环节全程精确追踪、及时响应，并在云端根据各个环节的数据进行精准预测，精准对接供给和需求，从而提高供应链效率。

例如，一家快消品零售企业，他们在生产上为了保证产品的优良率和系统的稳定性，需要定期进行检测和控制，面对特殊情况时需要停工检修。5G 时代使得各个设备零部件的实时监测成为可能，这种监测不仅能在生产的同时发现可能存在的问题，而且能够实时反映不同零部件之间的配合情况，一旦出现隐患，工厂可以立即有针对性地进行维修处理，甚至通过人工智能进行自动维修或通过高精度 AR 进行远程维修。

5G 解决了物联网所需要的高速率传输和庞大数据连接问题，突破了限制目前物联网发展的瓶颈，可以基于大数据进行智能化客群分析，了解消费者偏好，辅助经营决策，达到精准营销，从而实现智慧零售。

线下的"无人便利店"就是 5G 网络支持智慧零售的体现。消费者只需打开店家 APP 或微信小程序，扫码进店，从货架上挑选自己喜欢的商品，无须再对商品进行扫描，拿好商品，直接出店，消费者离店后的一两秒内，将自动收到消费清单。整个购物环节无人工干预，真正做到"无人收银，拿了就走"。

对于店家来说，在 5G 网络支持下，店家可以通过计算机视觉、传感器融合、深度学习等技术分析消费者的购物行为，比如拿起或放下了哪些商品。即使消费者在购物环节中对商品进行遮挡，比如将商品放入口袋、背包、行李箱中，后台系统也能自动判断其购买了哪些商品，并在消费者离店时，自动完成扣费。通过 5G 网络，店家还可以了解商品的上架情况、商品的销售情况、消费者的状态等，通过分析这些海量的消费行为数据，刻画消费者画像，洞察消费者的喜好，然后采取相应的措施，如理货、补货等。从而打破了实体零售企业被动销售产品的现有格局。

5G 超高带宽、超低时延、极大连接量等优势将显著改善用户访问速度，通过 VR 和 AR 应用，可以塑造"身临其境"的感知体验，商家将商品图片、视频通过网络进行展示，消费者足不出户就能够进行实景体验，从而创造出新的消费体验。

苏宁与联通在上海共建了全国第一家 5G 体验专区，体验专区分为 5G 手机体验区、5G+8K 电视体验区、5G+ 云办公体验区以及 5G+VR 云游戏体验区等多个 5G 领域体验区。该 5G 体验店当前以展示体验为主，属于第一代模型店，后期会迭代出很多升级版本，在上海的多个商圈开设。5G 拥有比 4G 快 20 倍的速度，无论是在安全性还是便利性上都大大超越了 4G 网络。在 5G 体验店，如果消费者与自己的朋友进行 5G 高清视频通话，和朋友分享体验 5G 视频，全程都会顺畅不卡顿，体验感绝佳。

金融业：5G优化和创新了模式及体验

5G 的出现可能并不像人工智能等技术一样可直接运用于金融业，而是通过提高大数据、物联网以及人工智能新兴技术在金融业落地的效率和质量。目前来看，主要是基于 5G 覆盖广、高带宽、低时延等特点对现有的金融服务模式及体验进行优化和创新，如革新银行网点、缩短交易流程、创新支付体验、实现安全支付、优化信用评级体系等。

5G 银行网点落地：2019 年 6 月 22 日，银行业首家深度融合 5G 元素和生活场景的智能网点——中国银行"5G 智能 + 生活馆"在北京开业。此外，工商银行、浦发银行、建设银行等也宣布在部分网点实现 5G 覆盖，直接推出或即将推出 5G 智慧银行网点。

在新的 5G 银行网点中，无须工作人员协助，客户可以借助面部识别技术无卡、无证、无感办理业务，还可以依据自身特点和需求科学匹配业务产品，享受"千人千面"的定制服务；网点使用智能迎宾，通过面部识别技术，大门处自动识别 VIP 客户及重要行内人员，大大拉近了与客户之间的距离，提升客户体验，使客户更加有宾至如归的感觉；网点以 5G 技术为承载，深度集成大数据、人工智能、VR、生物识别等科技，打造集高端科技、智能服务、互动体验、休闲娱乐于一体的智慧金融服务体系，为客户提供沉浸式体验和个性化服务。

缩短交易流程：5G 具有低时延的特点，其速率极为迅捷。这一技术应用到金融交易中，从交易指令发送到服务器并收到回复的时间已缩短至1毫秒，这必然能带来交易流程的简化和效率的提高，业务流程与风控流程都可以做到无感化，从而与场景无缝衔接。在此基础上，通过一系列智能硬件，我们将迎来一个金融服务无处不在、随时随地、招之即来挥之即去的时代。

例如，在手机上就可以实现即时支付和银行服务，无须等待。此外，5G能够允许可穿戴设备（如智能手表）与金融服务共享生物识别数据，从而可以快速准确地验证用户身份，更安全、更快速地完成交易。

创新支付体验：3G、4G时代，移动支付经历了从无到有，从模式单一到贴心合意的过程，密码支付、指纹支付、刷脸支付让支付流程越来越快捷，而二维码支付、条码支付、POS机支付等则让移动支付迅速成为普及的基础设施。

如今，VR支付已逐渐萌芽，但局限于设备和网络速度，仍存在实施和体验上的瓶颈。5G时代，VR和AR云化，将不再受到带宽和时延的限制，数据传输、存储和计算功能可从本地转移到云端，体验也因时延减小而更加贴近现实。云化VR和AR的应用，将能够为支付提供更丰富的决策数据辅助和更真实的场景体验，从而改变现有的支付模式和体验。

实现安全支付：由于5G技术的特点，以前在4G技术下存在的交互时延、网络拥堵、安全性差等弊端将会彻底根除。移动支付技术将更加安全，金融诈骗现象能得到有效遏止。

也就是说，以后用户可以通过智能终端，时刻保持在线，而且在交易的高峰期和人员密集场所，丝毫不用担心由于网络的容量而导致的拥堵，移动支付也会由于5G技术的加密更加安全，现在存在的假基站、号码冒用等骗术将无处遁形。

优化信用体系：由于5G网络特有的万物互联及速度快的特点，未来

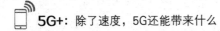

金融行业在数据量的采集上将呈现一个爆发式的增长，技术人员可以通过海量的数据对企业和个人的自然属性、经济行为进行分析，催生维度更广、可信度更高的金融信用评级体系，彻底打破目前的评级体系主观性强、可靠性差、数据造假等问题。

媒体与娱乐业：5G深刻而广泛的影响

5G将深刻而广泛地影响媒体和娱乐业。在5G网络上，一部电影下载将从平均7分钟减少到仅6秒。在浏览社群媒体、游戏、音乐以及下载电影时，5G将为用户节省每月平均23小时的加载时间。此外，5G在未来VR和AR的应用上，能够支持使用者与虚拟人物的互动。具体来看，5G对媒体及娱乐业产生的影响主要体现在视频、内容消费、传播手段、文创等方面。

5G推动视频产业全方位革新：在5G落地应用层面，视频将成为主要的信息表达方式，是真正的流量入口。直播是一种视频，导航是一种视频，社交是一种视频，娱乐是一种视频，甚至连普通用户的生活都将更大程度地视频化。与此同时，当5G的信息传输在连接速度、传输规模、终端类型、时延长度等方面都有可能带来质变之时，社交的视频化和虚拟现实化是一种必然趋势。

内容消费：5G加速内容消费，将为媒体和娱乐产业带来新的营收来源，包含增强型移动媒体服务（视频、音乐与游戏）、增强型移动广告、家庭宽频和电视服务、沉浸式娱乐体验（VR、AR与云游戏）和5G到来后才出现的新媒体服务（自动驾驶汽车娱乐和3D全息影像显示等）。

新的内容消费来源、智能型手机用户增长与不断增加的数据流量需求，将可能让全球媒体和娱乐产业产值从2019年近2000亿美元增长到

2028 年近 4200 亿美元，累积总计近 3 万亿美元营收。其中近 1.3 万亿美元是由 5G 带动产生的，这凸显出 5G 将加速内容消费，并为媒体和娱乐产业带来庞大商机。

传播手段创新得益于 5G+4K 和 5G+VR：5G+4K 能充分利用 5G 高带宽、低延时的特点，其图像清晰细腻，画面持续连贯无卡顿，色彩鲜明，亮暗层次丰富，压缩损伤小，效果逼真，具有很高的质量和很好的效果。

5G 的特性与 VR 的结合则为各行业带来巨大的想象空间。在 5G 环境下，下载一部蓝光画质、标准长度的 VR 电影只需要 1 分钟。此外 5G 网络将能为 VR 提供最佳的赋能方案，助力企业创造出新内容、新产品、新服务，最终实现数字化转型。

5G 推动文创产品和业态的创新：5G 会促进数字技术的发展，推动文创产品和业态的创新。例如，皮影戏利用数字化技术支撑，采用大屏幕来放映，吸引了很多年轻的观众群体，产业发展进入了一个新的阶段。在 5G 时代，如果把皮影戏中的一些传统元素融入动漫、网络游戏之中，将会在融合中产生新业态。

现实中，动漫游戏、网络文学、网络音乐、网络视频等数字文化产品已拥有广泛的用户基础，与百姓生活越来越密切。随着 5G 技术的应用，以及 VR、AR、8K 视频等技术的发展，这些数字文化产品无论在形式还是内容方面，都将呈现出崭新的业态。

健康产业：5G用多种方式改善医疗保健

5G新空口旨在提供深度、充分的网络覆盖和高级别系统可用性，将医疗传感器连接到多个网络节点。医生将依靠这些传感器不间断地捕捉、收集和在线接收病人的医疗数据，如生命体征、活动状况，甚至是服用处方药物的情况，同时这些设备提供的数据还可以支持医疗预测分析，提高医生诊断的准确性。

5G新空口将极大提高可靠性（1亿数据包仅丢失1个），最小化时延（最低至1毫秒），并确保关键信息的传输，比如紧急医疗情况可以优先进行传输。例如，突发心脏病的患者可以通过5G医疗物联网传感器迅速将求救信号和生命体征传送到附近的医院，确保急诊医生快速反应来展开救治。另外，对于那些没有任何健康问题的人，医生们也可以通过医疗传感器来监测他们的饮食和健康状况，让他们过更健康的生活。

5G可以使远程监控设备（如可穿戴设备）将患者健康数据实时发送给医生，同时也能够通过传感器随时了解患者目前正在进行什么活动，从而达到更全面的医疗或护理效果。

例如，广东省高州市人民医院的外科医生曾通过超快速5G连接对一名41岁女性患者进行了手术，该患者的先天性心脏缺陷恶化为心力衰竭。手术过程由位于约400公里外的广东省人民医院医生团队监测，他们通过5G连接的远程会诊系统实时提供指导。广东省人民医院的医生在高清屏幕上观看手术，另外两个显示器显示患者的动态超声波检查和她的心脏的三维渲染。高州市人民医院的外科医生在手术室里有同样的屏幕。在高州市人民医院的外科手术中，患者的 600 兆超声波文件通过 5G 连接的远程诊断平台在 1 秒钟内传输完成。相比之下，若该文件通过固定线路宽带连接发送需要 20 分钟，通过 4G 发送需要 3 分钟。5G 连接的远程诊断平台将为医疗保健专业人员提供更多时间来治疗患者，而没有了从一家医院到下一家医院的通勤负担。

5G 增强型移动宽带（eMBB）的数据传输速率和高效连接，可以支持个性化的医疗保健应用和沉浸式体验，如虚拟现实和视频直播。

缺乏病床资源的医院或诊所里的医生可以使用这些工具，通过 UHD 视频流来管理远程虚拟护理。这项服务会消除农村地区或偏远地区病人的时间损耗和距离障碍，即使医生不在身边，病人也能得到很好的治疗。

总之，5G 网络的到来，把医疗模式提升到一个新的高度。与此同时，5G 网络也为医学界带来显著的经济效益，在医疗保健领域使用 5G 技术，估计将在 2026 年创造 76 亿美元的收入机会，而营业额为 760 亿美元的运营商都将向 5G 医疗转型。

交通运输业：5G提速行业数字化转型

5G拥有超高速率、超低时延、超高密度三大优点。依托5G技术，交通运输业已经在公交、机场、车联网、轨道交通等领域成功打造了多个应用场景，这不仅方便了人们出行，而且在5G加持之下，交通运输业的安全性和可靠性也得以增强，效率得以提高，反映出该行业在5G技术支持下的数字化转型正在提速发展。

在公交场景中，5G可以支持车载屏幕实时显示沿途实景，后侧屏幕精细显示前方交通情况，拥挤车厢人脸同步跟踪和快速识别……不难发现，与4G相比，5G带来的改变不仅是车厢内网速的大幅提高，更是交通工具和出行体验的升级。

在公路交通领域，5G已实现了车路协同的初步应用，让人们享受到了更便捷、更安全、个性化的出行。5G时代，汽车本身成了数据。5G技术支持车载导航、车载互联、自动驾驶等。5G网速不受限，时延变为毫秒级别，覆盖面积也会加大，因而导航会实时告诉你位置、车道、方向、车速等，并且都无比精准。5G基本没有时延，车载互联将我们说的话直接传到数据库分析，然后再传回车上，这中间的时间可以忽略。车载互联也会实时提醒你向前走、前方N米掉头或左转右转等。因为有导航和车载互联的基础，5G时代的自动驾驶必定会超越老司机的水平，比如能保证你的车与其他车不会发生任何碰撞等。

在航空领域，利用 5G 大联结能力已实现了机场范围内密集的人、车、设备的广域、一体化的精准定位，有效提高机坪运作效率与安全等级。比如接、送机时，长时间的等待常常让人感到焦躁不安。如果可以清晰地看到飞机起降和亲人朋友的实时画面，候机时的负面情绪将得到有效缓解。现在有的机场利用 5G 技术，在航站楼内实现了航空器跑道起降及到达旅客 4K 超高清视频直播。很多机场如上海浦东国际机场、广州白云国际机场、江苏苏南硕放国际机场等交通枢纽相继实现了 5G 信号覆盖。在这些区域，旅客可以体验到 5G 网络或 5G 应用，体会新技术带来的便捷。

车联网被认为可能是 5G 最大的应用市场。5G 车联网的特点主要体现在三个方面：5G 低时延和高可靠性是车联网发展的最大突破口；5G 频谱和能源高效利用将解决当前车联网资源受限等问题；5G 更加优越的通信质量可提供非常高的数据传输速率，并减少各种环境的干扰，降低终端之间连接中断的概率。比如车联网智能交通技术中的 V2V 通信技术，它是一种不受限于固定式基站的通信技术，为移动中的车辆提供直接的一端到另一端的无线通信。通过 V2V 通信技术，车辆终端彼此直接交换无线信息，无须通过基站转发。V2V 通信必须是实时的，因为毫秒之差可能是紧急刹车和致命碰撞之间的差异。实现这种高速互联需要车辆在彼此之间传输大量数据而没有任何时延。5G 网络的低时延能够实现这一目标。5G 技术甚至能够让车辆与基础设施来进行实时感测，利用车辆及基础设施 V2V 通信，让车辆针对信号来自动停止前进或缓速前进，从而达到改善交通流量、减少外部危险因素、增加车辆反应时间及提高公共交通效率的目的。

轨道交通作为 5G 应用的典型垂直领域，已得到业界的广泛认可。目前，中国在该领域已经有了落地的应用场景。下面举出两例：

2019 年 1 月 5 日，中国首个 5G 地铁站在成都地铁 10 号线太平园站正式开通，标志着 5G 全场景连续覆盖即将成为现实。在成都地铁 10 号线太平园站内，由移动5G网络转化而来的高速Wi-Fi信号已经覆盖整个站厅，这是中国首个基于2.6GHz频段的5G数字化室内分布系统网络，该地铁站将成为移动对5G室内分布系统进行测试的重要场所。

2019年3月14日，时代电气公司自主研发的基于5G通信技术的大容量数据转储系统在成都机务段成功应用，实现了车载数据的高速下载，这标志着我国轨道交通正式在全球率先迈入了5G时代。该系统可实现车载视频数据的自动无线高速下载，并于2018年11月在成都机务段进行装车应用。应用结果表明，该系统可在10分钟内完成55GB的车载数据快速落地，是目前标准WLAN相同工况下传输速度的100倍以上。

已经触手可及的5G交通运输世界为我们展现了一幅移动网络新时代的美好蓝图，但建设期的交通运输5G应用场景还需要进一步开发，这是实现5G应用价值的重要体现。为此，我国很多地方都在加快探索5G示范区。例如，浙江基于5G智慧出行示范区建设，将在有条件的地方开展"5G+船联网"示范应用，支持物流基地、仓储基地、港口开展"5G+物联网+移动边缘技术"应用，建立互联互通的智慧物流信息服务平台、分拨调配系统、仓储管理系统、末端配送网络；广东将在广州、深圳、珠海、韶关、中山等城市加快"5G+无人机、无人车、无人船"试验场地建设；四川结合自身多高原、山区的地貌特征，将探索通过"5G+北斗+无人机货运"，加快全省高原地区和部分山区货运物流发展；江西将探索路侧智能基站系统应用，选取有代表性的高速公路，开展车路信息交互、风险监测及预警、交通流监测分析等试点；湖南将推动"5G+自动驾驶"网络设施建设，扩大"云控"技术集成系统等自动驾驶技术在智能公交、智能轨道交通、智慧物流领域应用……

VR/AR：5G消除当前设备的固有限制

专家认为，VR 和 AR 具有巨大的但尚未开发的企业应用潜力，但 VR 和 AR 在充分发挥其潜力方面仍面临许多障碍，目前仅限于一个利基市场，而这恰恰是 5G 的切入点，5G 将对当下正在蓬勃发展的 VR 和 AR 市场产生重要影响。

现实中，VR 和 AR 面临的问题主要有两个：一是应用的局限性。许多厂商都已经发布了 VR 和 AR 头显（头戴式显示设备的简称，所有头戴式显示设备都可以称作头显），智能手机大多支持 AR 技术，但有些手机对 VR 和 AR 的使用有限，需要一直保持手机与眼睛同高才能使用。二是 VR 和 AR 存在协作问题。目前，大多数 VR 和 AR 体验主要是为单一用户设计的。如果许多用户要进行协作，他们需要实时进行协作。反过来，系统将需要呈现所有用户的共享现实，并向所有各方提供信息流，以使他们能够在一起交互。不幸的是，当前设备的时延会导致晕动病。

那么，5G 如何解决头显的这些问题？简单来说，5G 可以下载云上复杂的图形计算，并将结果实时传回头显。因此，头显将变得更便利和更轻，同时具有更长的电池寿命。但 5G 在 VR 和 AR 方面的运用远不止于更轻的头显、更好的电池续航时间和更低的时延，5G 还可以共享 VR 体验，从而解决单一用户的限制；还允许多个 AR 在一个小区域内进行协作。此外，5G 提供的处理数据方式还支持 VR 和 AR 的视频数据的传输，从而确保用户体验不会降低。

　　总之，消除当前的 VR 和 AR 设备存在的固有限制，取决于更广泛、更可靠、更具一致性的 5G 网络。5G 网络在 VR 和 AR 上的优势主要体现在更高的容量、更低的时延和更好的网络均匀性，这意味着当前 VR 和 AR 设备的许多固有限制可以被消除，从而降低了开发成本。5G 将成为 VR 和 AR 的必备技术，是 VR 和 AR 大规模商用的关键！

教育业：5G支持VR/AR应用于教育

5G解除了当前VR和AR设备的固有限制，这对教育来说具有重要意义。老师将VR和AR技术用于教育，可以创新出很多异于以往的教学方法，是对传统教育模式的一种颠覆。

VR可以创造虚拟化的教学环境，如虚拟教师、虚拟课堂、虚拟校园、虚拟图书馆等，使得教学活动能够脱离时空的限制。事实上，VR技术的应用领域越来越广泛，这种技术成为时代的新宠，在教育行业也开始发挥重要作用。

VR技术应用于教育行业，能够促使教学手段快速更新，无论是对于学生还是老师来说，VR教学都有很大的帮助，同时VR教学在有限的空间里提供了无限的可能。

杭州映墨科技儿童VR一体化产品"龙星人"，是一款串联硬件、软件、内容平台、场景交互等技术链的垂直化产品，包括手持式儿童VR眼镜、益智VR游戏库、可视化商户操作平台、基于投币和微信支付的结算系统以及电脑主机和卡通造型显示器。

AR是在VR基础上的延伸技术，它集显示、交互、传感、计算机图形与多媒体技术于一体，是一种典型的交叉学科的技术。在教学中，AR技术能够实现课程的数字化学习，可以将课程学习内容转化为学习者的学习资源，实现资源共享；能够提供界面友好、形象直观、虚实结合的学习环境，有利于激发学习者的学习兴趣并进行写作式对话。

美国的《加利福尼亚州公立学校课程标准（K-12）》在全美颇具代表性，它提出对于学生能力的培养和教师应该具备的素质，在教学中运用AR技术可以提供的巨大的外在助力，并由此增强学生学习的内、外动机的转化。例如，将抽象的材料直观地呈现出来，可以培养学生的逻辑思维能力；教师可以即时地与学生进行交流，并为学生提供合适的学习环境。所以，在美国中小学阶段普遍运用AR这一手段来开展教学。

著名投资银行高盛集团曾在投资者报告中对教育领域VR和AR的人口规模和市场规模做出了预测：至2020年用户数将增长至700万，2025年将达到1500万；2020年软件营收为3亿美元，2025年增长至7亿美元。如此大的人口规模和市场规模，其中必然蕴含着VR和AR教育的无限商机。

保险业：5G助力企业决策新商机

与所有其他领域的技术推动力一样，5G 在保险领域，技术也发挥着不可或缺的作用。5G 能够帮助保险公司做出更全面、更有效、更有把握的决策。在 5G 网络之下，保险公司能够获得更准确的数据并实现更有效的数据共享，这将有助于保险公司发现新商机，从而在提供报价时做出更准确的决策。

比如在医疗保险中，没有电子健康记录或没有其他任何公共健康数据库，将使保险公司的风险评估更加棘手，服务质量也将大打折扣。即使被保险人有登记数据，保险公司也没有实际跟踪和促进被保险人健康生活的方式。而 5G 网络支持的可穿戴设备可以通过向保险公司提供定期的健康数据流，在公司不能实时跟踪被保险人的情况下发挥关键作用。具体来说，被保险人如果能利用可穿戴设备参与医疗保健活动，保险公司就可以在符合标准的情况下为其提供低保费服务，让他享受到低保费优惠政策。由此可见，在医疗保险中引入"使用可穿戴设备奖励机制"，将在风险评估和改进服务方面发挥关键作用。

印度保险监管机构 IRDAI（印度保险监管局）成立了一个工作组，负责审查过去一段时间内涉及可穿戴或便携设备的保险创新。它研究了一系列设备，包括健身带、皮肤贴片传感器、智能隐形眼镜和可植入设备等。此举不仅从保单持有人和保险公司的角度来看是很重要的，而且对印度医疗保险业的发展也有推动作用。

　　随着5G迎来自动驾驶和无人驾驶车辆的新时代，无人驾驶技术将减少道路事故的发生，这是业内的共识。如此一来，保险公司赔付率将大幅降低。然而随着车祸风险的降低，社会对交通意外险的需求也将减少。正是预期到了这样的趋势，目前已经有一些保险公司尝试推广基于使用率的保险政策，根据参保人的驶程以及驾驶习惯的安全程度进行定制化收费。

　　Avinew公司是美国的一家专门为自动驾驶模式（最终是完全自动驾驶汽车）的车辆提供保险的公司，其保险产品将监控司机使用特斯拉、日产、福特和凯迪拉克等公司生产的汽车的自动功能。该公司将驾驶数据引入人工智能保险定价模型，利用安装在智能手机中的APP来监测车主的驾驶行为，如制动、转弯速度、行驶时间和路线规律性等实时数据，并根据司机的驾驶行为来计算保费。Avinew已经与很多汽车制造商达成了协议，并正在努力将其余部分捆绑起来，允许其在客户授权后访问驾驶数据。

云端运算：5G提升云端运算层次

云端运算（也称云计算）是一种互联网上的资源利用新方式，可为用户依托互联网的异构性、自治服务进行按需即取的计算。

由于移动设备（如手机、电脑等）的吞吐量低、时延高、连接性不一致，致使云端运算的功能和特性经常被淡化。但 5G 网络高吞吐量及低时延优势将能够解决现有问题，并将云端运算提升到另一个层次。

依托 5G 网络提高云端运算能力，其杀手级应用途径是通过 5G 网络将个人电脑中的储存及运算功能全部放进超级电脑（即所谓的"云"）里面。只要进入云端，就可以连接这些超级电脑处理资料。在这方面，谷歌推出的云游戏平台 Stadia 展示的就是一种"云上电脑"的能力。

谷歌的云游戏平台 Stadia 在基础网络架构、硬件、压缩和编码以及从数据中心传输到玩家家里的方式等方面，进行了大约 100 种革新，大大提高了串流（串流技术就是不需要大量的储存空间来记录这些多媒体档案，只需要适量的储存空间即可）游戏速度，已经超过了人类身体反应和处理信息的速度。在高速串流之下，剪辑视频、渲染 3D 场景等则不在话下。5G 网络把手机、电脑等设备的运算单元搬到云端，让它们成为"云上电脑"的一块显示屏，由此免去要不断升级换新的麻烦。一个安装在云端的操作系统环境，搭配用户可能已经付费的云存储空间，无须背包，走到哪里，用户的"电脑"就可以跟到哪里。

游戏业：5G开辟了全新的市场

游戏行业会成为最先从 5G 优势获益的行业之一。5G 的时延是 1 毫秒，这种运算速度和质量能够让使用者获得更好的游戏体验，高运算质量也更符合成本效益。现实中，5G 正以其独特的优势为游戏业开辟一个全新的市场。

2019 年 3 月 13 日，微软在新一期 Xbox 活动中推出的 Project xCloud，将 Xbox 游戏传输到了 PC、游戏机和移动装置，目标是在所有设备上都能为玩家提供高质量的体验。Project xCloud 可以让玩家在手机、平板上触屏玩 Xbox 游戏，也可以通过蓝牙连接 Xbox 手柄，将它们当作云端小屏幕。微软在活动中表示，目前已经在 Xbox 平台上发售的游戏以及未来在 Xbox 平台上发布的游戏都将会支持 Project xCloud，全球的玩家都可以更快捷地享受到极致的游戏体验。这种基于 5G 网络的游戏产品及其形式完全颠覆了现有的游戏行业。

除了利用 5G 网络创新终端游戏形式，在 5G 时代，VR、AR、MR（混合现实，它制造的虚拟景象可以进入现实的生活，其最大的特点在于虚拟世界和现实世界可以互动）游戏或将会是游戏的主要形式。

VR 和 AR 是游戏行业率先采用的两项技术。5G 的智慧连接让 VR 游戏有了沉浸式体验，多个玩家可以一起玩，画质更加逼真。玩家可以快速及时连接到互联网，响应极快，这样可以在任何地方加入新 VR 游戏，不需要昂贵、不方便的特殊硬件。5G 的低时延对游戏来说意义重大，因为有了低时延，多位玩家就可以聚在一起，玩更加具有沉浸式体验的 AR 游戏，此时玩家可以在自己的设备屏幕上看到彼此。

MR 就是把虚拟和现实混合起来。MR 游戏就是用一个传感器感知现实世界，让虚拟内容与现实世界进行互动，并且与玩家进行互动。

在 2019 年世界移动通信大会上，Rokid（若琪，是中国的一家人工智能用户体验公司）宣布与德国电信达成合作，共同打造基于 5G 和云技术的混合现实体验，并展示了一款多人竞技篮球游戏，玩家可以使用 Rokid Vision 体验沉浸式的游戏感观。在大会现场，用户只要戴上 Rokid Vision，视线前方就出现一个固定的虚拟篮筐，通过摇晃手机就可以投篮。不同玩家可以轮流比拼，身临其境地感受篮球竞技的快感，从而提高了操作的效率，让玩家有更好的游戏体验。

房地产：5G推动行业全面的改变

5G 对于房地产的影响涉及很多方面，诸如项目定位、建设、营销，以及未来房地产空间价值的提高、房地产智慧化、房地产资产溢价等都将带来全面的改变。

定位：智慧家庭、智慧办公、智慧商业等大多数 5G 应用发生于室内，这就要求 5G 网络要覆盖到室内，这是 5G 商业化的关键。为此，要从通信设计和建筑设计两个方面来考虑建立 5G 基站，以满足不同用户的使用要求。

建设：5G 实现了万物互联，因此建筑传感器、建筑机器人、工地物联网监控等在技术上已经可以广泛采用。

营销：5G 支持 VR 和 AR，支持视频同步传输，再加上大数据及人工智能等技术，将使房产营销体验和手段方式发生很大改变。以 VR 为例，比如一栋规划中的楼，它还在纸面上的时候就可以用 VR 虚拟实境技术，戴上 VR 设备，从自己要买的楼层看出去，所有景观将会完美展现在眼前。这既节约了时间，又节省了搭建样板间的费用。

提高房地产空间价值：随着 5G 快速到来，人们的生活、工作都将基于 5G 环境而存在。物业空间之内是否拥有 5G 网络环境，决定了能否依托 5G 进行生活、娱乐和衣食住行所有消费升级，能否实现智慧家居、智慧办公、智慧出行等新的社会行为。没有 5G 的物业将失去市场。

房地产智慧化：5G 的大带宽和高网速、低时延，可以海量接入并支持不同的硬件设备进行工作。这将大大加速物联网智慧化推进速度，并带来新的应用。现在不管是生产经营活动还是商务办公，都离不开人工智能、大数据、云计算，包括社区物业管理、业主平日生活都无不与之时刻关联。而未来所有物体都将通过物联网形成数据，进而形成相应的成果及应用。无论是现在还是未来，想要实现这一愿望，5G 都是必不可少的技术支撑。

房地产资产溢价：目前来看，房地产资产溢价包括新产业发展、居家生活体验，以及物业租金、售价的直接提高等，而 5G 能给生产经营者带来这些直接的利好。比如在居家生活体验方面，5G 可以给居家生活的业主带来新的生活体验和各类增值服务。长远来看，未来人们的生产、生活、商务办公都会逐渐智慧化，物联网无处不在，数据留存也无时不有。只要物业的建设者、管理者有能力通过技术手段收集和管理这些数据，那么这个数据就完全可以是可量化的数据资产。在不久的将来，不动产的价值构成中，数据资产将会成为关键的权重。

公共安全：5G增强了公共安全能力

5G网络能够缩短接收讯息时间，也可以实现更广泛的网络运用。这对于灾后救援、信息安全、社会治安等将大有帮助，从而增强公共安全能力。

在救灾过程中，救援队在5G网络支持下能够通过实时影像、安全通信或媒体共享，快速地在第一时间实施救援，不论是在时间上或地点定位上都能够达到更进一步的水平。在灾后情况下，连接了5G网络的无人机能够帮助救援队提供救援物资并协助他们寻找失踪人员，从而增强公共安全能力。

三星电子将5G市场初期的发展焦点放在公共领域，例如炼油石化厂、发电厂这类较可能发生严重事故的设施，以及游泳池与度假村等商业设施。2019年年初，三星电子又与AT&T、IBM共同研发了灾难安全解决方案。该方案可迅速收集灾难现场照片及影像，实时提供给灾难应变中心以方便其掌握状况。例如透过AI演算，系统利用影像中人员穿着的衣物，自动辨别火场中的消防人员与受困民众；遇到溺水事件，自动区分溺水者与一般泳客。

5G网络将增强传感器、摄像头和其他自动化设备的功能，这有助于我们更全面地了解公共安全情况，使城市更加安全。比如在小区里，5G网络通过身体监控、无人机、聊天室、社群媒体、文件共享及定位等，在小区范围内进行讯息发布共享，从而提高小区安全能力。

北京市海淀区北太平庄街道志强北园小区的"5G+AIOT（AIOT 指的是智能物联网）智慧社区"于 2019 年 7 月 3 日下午正式亮相。目前已经接入了二三十路摄像头，未来最多可接入上百路高清摄像头。高清摄像头能抓拍到的范围和画面质量大幅提高。比如人脸识别摄像头，过去戴个口罩可能就看不清楚了，现在清晰度大幅提高，即使只拍到眼睛，也能准确识别人员信息。在这个以 5G 网络为基础、搭载各种智能物联网技术的智慧社区里，社区管理更便捷，多项公共服务水平得到提高。居民的生活更安全，获得感、幸福感也都提高了。

5G 和物联网技术还可以推进指纹传感器发展，这有助于识别罪犯或受害者。面部识别和车牌扫描也可以得到显著改善。可见 5G 对社会治安管理也是有帮助的。

物流：5G打造智慧物流科技之美

5G网络能够被广泛推行，主要原因是5G融合了很多关键技术及其得天独厚的优势，而这对物流行业来说也是必不可少的。5G大带宽特性使得物流中产生的信息能够迅速扩散到其他物流节点，直到整个物流体系得到共享的数据。5G万物互联能够覆盖物流所有节点，其提供的信息可以提高物流运输的安全性保障。5G低功耗使得物联网、传感网以及射频通信等技术能够被广泛应用在物流行业中。5G低时延将使物流无人驾驶配送成为可能。5G海量接入特性不仅能监控和跟踪物流的每一个节点，同时每一个应用网络体系都能够按需接入到物流体系中，从而提高物流服务的质量。5G网络切片能够应对不同的场景需求并提供切片化服务。5G传输安全性高，这无疑是物流安全所需的。

上述这些5G优势作用于物流，将打造智慧物流新应用场景。比如目前已经出现的全自动化运输、智能仓储还有增强现实应用等。全自动化运输包括无人车快递运输、无人机配送等，这类场景在新一代物流中很常见；得益于5G的海量接入特性，大量物联网设备将被无缝接入仓储环境中，形成智能分拣、无人仓储以及智能佩戴等的应用；增强现实应用场景，包括协助员工完成分拣，协助快递员识别门牌号等。

有文章分析指出：5G的新一代物流发展的进程是逐步提升的，即从增强型移动宽带eMBB到海量机器类通信mMTC，再到超高可靠低时延通信

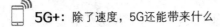

uRLLC，最后到 5G 的全面推广。增强型移动宽带 eMBB 场景是最易于实现的场景，因此它是第一阶段；随着 5G 各种技术逐步增强，海量机器类通信 mMTC 的场景才能够实现，所以它是第二阶段；超低时延的特征不仅需要通信技术具有可靠的数据传输能力，同时需要通信技术能够有效应对外界环境，所以 5G 第三阶段应为超高可靠低时延通信 uRLLC 场景的实现；最后第四阶段将会是 5G 全面推广的阶段，所有原定的期望需求将都会实现，这一阶段中新一代物流将会被全面推进，在切片技术的支撑下，各种业务场景都能够以切片形式融入一体化的物流体系中。这些观点，或许可以作为物流业利用 5G 进行创新升级的参考与指南。

餐饮业：5G助力降本提效、增强体验

5G技术运用在餐饮消费场景中，可以把选餐厅、点餐、出餐、就餐、支付、餐后反馈几个关键环节连接起来，以手机或其他某个终端作为交互控制中心，以此实现餐饮全链条的互联，操作人员不需要来回奔波去制作产品，从而能够有效地降低成本，提高生产效率并增强消费者体验。

具体到某个单一场景，互联方式都有很多。例如在厨房管理场景中，物联网将厨房设备互联后，就不需要人工进行现场控制、检查和维护了，通过5G网络远程控制，监控和配置这些厨房设备，可以实现设备自我优化，自我诊断，自我报修；厨房员工还可使用5G连接的VR和AR进行培训，从而节省宝贵的库存食材等；通过5G的物联网设备，能够改善及了解厨余处理，更精细地控管食材以降低成本；消费者可利用5G更快速的网络在手机上完成订单，而餐厅则利用广泛的5G网络发出无人机来派送订餐到消费者手上；5G商用后，"三维立体"的验证技术可通过人脸验证，实现更加便捷迅速、更具交互性的"刷脸支付"，不仅确保每笔支付万无一失，还能通过刷脸环节衍生其他营销方式……

日本机器人酒店"海茵娜"自2015年开业以来，酒店从前台接待员、送餐服务员、清洁工、行李搬运工几乎全部是机器人。日本在机器人领域是比较先进的，它们的机器人餐厅、酒店也有很多。不过这里要说的是，随着5G商用时代的开始，数据传输、精准定位等技术提高，餐厅机器人

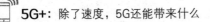

在指令服从和精准配送等方面也进一步迭代升级，机器人餐厅很可能会遍地开花。这也从一个方面反映出了 5G 对餐饮业的影响。

5G 技术也可以提供农产品成长过程、成熟度、营养指标等方面的数据。比如，每一条鱼、每一尾虾等都有自己的成长记录……上游食材进入供应链并到达下游商家时进行溯源都不再是空谈。

除了追溯食材来源，还可以通过 5G 对餐饮企业进行超高清摄像，结合影像光谱技术，可以判断作业人员的行为并进行纠错；智慧仓库和智慧称重系统则可以监控操作人员打卡、验收的过程，食材的重量、图片和视频录入信息也可以进行实时管理。

旅游业：5G支持智慧旅游创新发展

旅游行业的根本需求主要有两个方面，一方面是针对游客服务与体验的提升，另一方面就是对景区自身运营管理的改进。现在，国内外已经有政府与企业合作、企业与企业合作，依托 5G 连接技术，打造"智慧旅游"，提供并改善游客身临其境的旅游体验。

英格兰西部联合管理局已经为巴斯和布里斯托的主要旅游景点试验了 VR 和 AR 体验，并提供了 500 万英镑的奖励；BBC、Aardman 动画公司和布里斯托大学将致力于该项目的内容和技术开发。在该智慧旅游项目中，利用 5G 网络支持的 VR 和 AR 技术，可以让一个虚拟的罗马士兵向游客展示罗马浴场景观，并在游客的手机上以前所未有的 360 度移动呈现。

5G 技术也创造了文化旅游新体验。在中国，随着三大运营商于 2018 年 12 月 7 日获得国家关于 5G 试验频率全国使用许可以及半年后获得 5G 商用牌照，人们在文化旅游过程中的各种美好畅想都可以在 5G 技术支撑下成为看得见摸得着的现实。

2018 年 12 月，中国联通在著名红色景区河南红旗渠景区建成了 5G 基站，信号可以全覆盖，并推出 5G+VR 全景直播、5G+AR 慧眼、5G+AI 社交分享、5G 智慧鹰眼等应用，成为 5G 与红色旅游相结合的样板典范。这是文化旅游领域首个 5G 智慧旅游系列应用。以 5G+VR 全景直播为例，在这项创新应用中，当无人机盘旋在红旗渠景区百米上空时，通过 5G 实时传回红旗渠全景高清画面，游客即使在千里之外，戴上 VR 眼镜，也像已经身在无人机上，等同于开启了上帝视角，不但能够通过 4K 高清镜头 720 度清晰俯瞰人工天河红旗渠，还没有丝毫卡顿、晕眩等 4G 时代的副作用，体验感大幅升级。

2019 年 3 月 10 日，中国电信黄山分公司成功开通黄山风景区光明顶、玉屏楼两处 5G 基站，5G+VR 全景直播现场通过 5G 网络环境实时传输景区画面，实现 VR 远程 360 度纵览黄山美景。标志着首个 5G 智慧旅游应用在安徽成功落地。

中国移动在成都成功开通都江堰古城区 5G 基站，开展 5G 应用演示，为"三遗之城"插上了科技的翅膀，用"科技"让游客深刻感受属于都江堰的独有历史文化底蕴；在重庆建成全国首个"5G 技术长江索道 VR 超感景区体验"项目，戴上 VR 眼镜体验滑行，只需要 3 分钟就可以实时同步体验 360 度全方位一镜到底的长江美景，当体验者站在 3D 全息投影实时视频镜头前，影像通过 5G 网络瞬间到达另一个空间，仿佛"瞬间移动"，让天涯变咫尺，亦真亦幻的效果给体验者带来强烈的立体空间视觉冲击；还在北京玉渊潭公园试点 5G 技术创建智慧公园，利用 5G 网络技术，园内的高清摄像头可以实时监控人流，同时能够实时将各处景观传到大屏幕，便于游客观赏。

军事：5G实时数据支持军事决策

数据是现代军事战略的关键。指挥员指挥作战离不开数据，5G网络设备对实时数据的采集、传输和处理，可以为指挥员提供实时数据分析结果，帮助指挥员建立起对战场态势的高度感知。5G网络设备还可以借助智能化指挥控制平台对战场目标进行实时侦察、识别、跟踪和预警，快速更新指挥信息系统中的态势信息。指挥员不仅可以利用历史信息做决策，还可以将其与实时数据结合，以获得更全面的视角。比如在具体的事务中，防止战区的伤亡、了解费用支出和资源损耗、预测未来的军事预算等。

2018年9月，法国空中客车公司进行了名为"天空网络"的机载安全组网军事通信项目关键组成部分——高空气球军用平流层4G和5G通信技术测试。这个项目主要是在高空气球这一平台上应用新一代空中远距离通信技术，以在战场上建立持久、安全的通信蜂窝，从而对来自无人机、直升机等多种平台的信息进行通信中继。

美国希望通过主导5G系统标准化，促进地面移动通信系统与卫星通信系统的无缝融合，推动新一代空地一体化通信网络建设和军民共用通信系统构建。2016年7月，美国在全球率先规划了10.85GHz总量的频率用于包括5G在内的无线宽带应用。随后，奥巴马宣布投资4亿美元，由美国国家科学基金委员会负责实施"先进无线通信研究计划"。美国一些运营商正在研究以智能基地概念为主的美国本土军用5G解决方案。2019年

6月，美国电话电报公司在加利福尼亚州的欧文堡和路易斯安那州的波尔克堡部署了4G LTE网络，包括该基地的联合实兵训练靶场。在智能码头平台方面，5G为海军提供了巨大的潜力，例如日常管理、跟踪资产或物资的进出。

韩国著名电信公司SKTelecom与瑞典皇家科学院合作研究量子安全和无人机，目标是在2019年上半年完成学院首尔校区5G无线网络的建设。5G无线网络一旦建成，该学院将为学员创建一个VR射击模拟器和一个基于VR和AR的指挥模拟器。5G的低时延和快速度能够让200多名士兵参与这些项目。学员还将获得可穿戴设备，这样学院就可以使用大数据和人工智能持续检查他们的状况。5G也为排雷等危险任务提供了一种新的解决方案。韩国移动运营商LG Uplus于2019年4月与韩国陆军第31师合作，演示无人机如何用于沿海搜索和基地营地安全。LG Uplus还和韩国国防部计划在2020年5月前开展无人排雷研究项目，并在未来利用该技术搜索和清除军事分界线附近地区的不明地雷。

未来，随着军事活动加速向智能化领域延伸，空中作战平台、精确制导弹药等将由"精确化"向"智能化"转变，5G支持的大数据、人工智能等技术必将对这些领域产生重要影响。

广告业：5G打造"沉浸式体验"

5G能够帮助VR、AR、3D等技术在广告中应用，给用户创造"沉浸式体验"，从而将内容和受众更紧密地结合起来。淘宝推出的VR BUY+、AR BUY+、AR明星任意门、AR捉猫猫，招商银行X王者荣耀AR信用卡等，用户借助VR、AR技术融入到营销场景中去，这种沉浸式互动体验已经成为广告业宣传的重要方式。

中国移动面向移动互联网领域设立的咪咕公司的沉浸式体验新生态，集咪咕音乐、咪咕视频、咪咕阅读、咪咕游戏、咪咕圈圈、咪咕影院、咪咕直播、咪咕善跑、咪咕灵犀九大重点产品之力，通过全产品、全渠道、全数据、全IP四大全场景营销利器，满足用户多元化内容体验需求。2019年，咪咕将整合创新营销媒介，打造体育、娱乐为核心的营销新主场，实现"下一代沉浸式体验"。

5G能够帮助营销及广告从平面转移到移动图像和影片。

例如，广东康云多维视觉智能科技有限公司运用AI+3D深度学习神经网络，构建了3D超高精度的模型，通过将3D模型与移动链接相结合，模拟现场动画，解决了线上线下展示问题。通过这项技术，用户可以借助3D广告360度无死角观看产品。如该公司为宝马、别克、红旗等知名汽车品牌制作的营销案例中，采用了语音识别、图像识别等技术与AR相结合的技术，通过视觉智能，用户能通过语音、手势等交互方式与汽车进行互动，还可以通过手指随意拖动旋转汽车进行查看，在查看的过程中，还植入了爆炸、动态等展示效果，所有的细节一目了然。一个链接就联通各地的用户并对其线上产品不停歇地真实展示，在便于传播的同时，还让用户足不出户就可以跟企业交流，查看产品生产线和研发机构，一方面契合了移动互联广告的特性，另一方面延伸了广告内容的长度。

生物识别技术是目前最为方便与安全的识别技术，利用生物识别技术进行身份认定，安全、可靠、准确。5G 网络可以助力生物识别技术实时衡量广告效果，获得更精确的消费者分析并进行研究，从而实现精准客户的挖掘等。

例如，可口可乐在瑞典斯德哥尔摩的地铁站里放了一个电子广告牌，内置了面部识别系统。如果过往的乘客面对广告牌做出表情，广告牌上由可乐瓶、瓶盖、吸管组成的笑脸就会模拟出同样的表情。可口可乐的广告效果，证明了面部识别有更多的应用场景。

第八章

世界5G看华为：
通往5G成功之路的先行者

华为作为移动通信设备商，一直以积极的态度拥抱新事物，不断探索，打造了自己的行业壁垒和优势。尤其是在5G领域，华为没有坐等5G的到来，而是抓住机会及早布局，在基础设施、运营能力及生态建设等方面做出了举世瞩目的贡献，成为通往5G成功之路的先行者。

华为5G历程简介

中国在 5G 领域处于全球领先地位，这与华为在 5G 方面的领先地位是密不可分的。华为目前在 5G 技术领域掌握着最尖端的技术，同时华为也是全球最大的 5G 设备制造商之一。华为之所以取得这样的成就，是因为华为在 5G 技术领域的及早布局。华为 2009 年开始布局 5G，至今已有 10 年，在这 10 年间华为在 5G 领域都有哪些成果？下面这份简历或许纯属"简历"，可能挂一漏万，但我们也可以从中大致看到华为在 5G 领域的发展历程。

2009 年至 2013 年，华为在 5G 领域初露声色。2009 年，华为开始 5G 研究。同年 2 月 24 日，华为在世界移动通信大会上推出了自家的首款 5G 折叠屏手机 MateX。2011 年，华为在世界移动通信大会上演示 5G 基站原型机 Ultra-Node，其下载速率当时已达到了 50Gbps。2013 年，华为正式向业内传达进军 5G，当时发布的官方消息称：在 2018 年前至少投资 6 亿美元，用于 5G 技术的研究与创新；2020 年起有望实现 5G 移动网络的商用，届时移动宽带用户峰值速率将超过 10Gbps，是当时的 4G 网络速率的 100 倍。也是在这一年，华为正式超越爱立信，成了全球第一大通信设备制造商。

2014 年年初，华为宣布，在高频段无线 5G 空中环境下，实现了 115Gbps 的峰值传输速率，刷新了无线超宽带数据传输纪录。从这一年开始，华为先后宣布与俄罗斯电信运营商 Mega Fon 合作，为2018年世界杯场馆提供5G网络覆盖；与阿联酋最大的综合电信运营商 Etisa lat 合作，为2020年世博会场馆提供5G网络保障；与韩国手机运营商 LG Uplus 合作，进行5G联合创新研究；与德国电信 Deutsche Telekom 合作，进行5G联合创新研究；与新加坡网络运营商 Singtel 签署协议，联合开展5G研发创新项目。

2015年3月，华为在世界移动通信大会上首发了业界全套新空口技术，并提出 Network Slicing 网络架构概念；还在此次大会上首发了全球第一个5G低频测试样机，通过 Sub-6GHz 下的200MHz带宽实现10Gbps的吞吐率。同年7月，欧盟 Horizon 2020 框架5G旗舰项目5GPPP宣布项目第一阶段正式启动，华为作为该项目的关键贡献成员，参与了5个核心项目，并领衔5个核心工作组。10月，华为推出新一代射频互助8T16R模块，可以帮助运营商平滑升级，确保用户 VOLTE 语音的最佳体验。

2016年2月，在世界移动通信大会上，华为联合德国电信发布了具有多用户跟踪功能的高频（峰值速率达到70Gbps）样机，并且实地验证了高频在移动通信中的可行性。4月11日，在2016年华为全球分析师大会上，华为率先在业界发布了 CloudRAN 解决方案，从而在无线网络架构云化潮流中占得了先机。11月18日，在3GPP RAN1第87次会议上，以华为为核心代表、由中国主导推动的 Polar Code 码被3GPP采纳，作为5G增强型移动宽带（eMBB）控制信道标准方案。这是中国在5G移动通信技术研究和标准化上的重要进展。

2017年，华为在5G领域实现了多项首创。11月21日，沃达丰携手华为在意大利米兰现网首次完成5G上下解耦技术验证。11月22日，华为联合中国移动研究院完成全球首个3.5GHz频段小型化5G CPE终端演示。11月23日，华为联合韩国电信公司 LGU+ 在首尔江南区完成了5G预商用测试，首次实现了由 10 个 3.5G 低频基站与 2 个 28G 高频基站组成的大规模 5G 组网。12 月 3 日，华为 3GPP5G 端到端预商用系统荣获第四届世界互联网大会科技成果奖，是当时业界唯一的端到端 5G 预商用系统。12 月 6 日，华为携手沃达丰完成欧洲首个 5G 远程驾驶测试，这项技术也被用于自动驾驶车辆的紧急控制。12 月 18 日，华为与日本移动通信运营商 NTTDOCOMO 合作，成功完成了 39GHz5G 毫米波外场远距离移动测试，成为 5G 毫米波技术的新的突破，为用户提供泛在的极致速率连接奠定了基础。12 月 21 日，华为在葡萄牙里斯本举办的 3GPP TSGRAN 全体会议上成功完成了首个可商用部署的 5GNR 标准。

2018 年，华为在 5G 领域发起了全力冲刺。1 月 25 日，华为和德国电信、美国英特尔共同完成了全球首个 5G 新空口互操作测试，向 5G 全面规模商用迈出重要一步。2 月 1 日，华为与西班牙电信携手，完成了世界首个 5G 车联网 uRLLC（超高可靠低时延通信）辅助驾驶验证，在推动 5G 商用与构建 5G 生态上迈出了坚实的一步，具有里程碑意义。2 月 14 日，华为和加拿大电信公司 TELUS 完成了北美首个 5GCPE 友好用户测试，是北美乃至全球同类测试中的首例。2 月 22 日，华为和美国高通公司成功完成了基于 3GPP 的 5G 互操作性测试，这是加速 Release155GNR 生态系统成熟的关键和里程碑。同日，华为携手沃达丰完成了全球首个基于 3GPP 标准 5G 商用系统的通话与双连接测试。2 月 23 日，德国电信、美国英特尔和华为共同完成了全球首个运营商环境下的 5G 新空口互操作测试，这是本年年初在上海完成测试后三方在 5GNR 验证上达到的又一重要里程碑。2 月 25 日，华为在西班牙巴塞罗那举行的世界移动通信大会上发布了全球首款支持 3GPP 的商用 5G 基带芯片 Balong5G01，以及基于这个基带的两款 5GCPE。3 月 1 日，华为云数据库正式转商用。6 月，在 2018 世界移动通信大会上，华为首次对外解读 C-V2X 车联网战略，并发布了首款商用 C-V2X 解决方案。

2019 年，华为 5G 业务已经绝对领先全球，并将全面升级为 5G，成为真正的 5G 领跑者。2 月 1 日，华为 5G 微波荣获 2019 年格雷厄姆·贝尔"创新电信解决方案"奖。2 月 18 日，华为 5G 火车站启动建设暨华为 5GDIS 室内数字系统全球首发仪式在上海虹桥火车站举行。4 月中旬，华为与中国电信公司江苏公司和国家电网南京供电公司成功完成了业界首个基于真实网格环境的功率片测试，完成了全球首个基于最新 3GPP 标准 5GSA 网络的功率片测试。此测试的成功，标志着华为再次进入 5G 深度垂直行业应用的新阶段。5 月，华为使用 Mate 20X 5G 版手机，率先打通全球首个 5G SA 网络下的 VoNR 通话，包括语音和视频，为实现基于 5G 商用终端的极致业务体验打下坚实的基础，标志着 5G 端到端产业链加速成熟。至 2019 年 6 月 10 日，华为已在全球 30 个国家获得了 46 份 5G 商用合同，这其中包括一些盟友和一些欧洲国家。2019 年上半年，华为发布搭载 5G 芯片的 5G 智能手机，并将在 2019 年下半年实现规模商用。

华为创始人、总裁任正非曾在 2019 年 2 月中旬接受美国哥伦比亚广播公司（CBS）主持人采访时明确表示："现在我们在部署 5G，很快我们将迎来 6G。未来，我说过会有适合美国的新设备。"美国市场是华为最难攻破的难关，当华为遭遇不公平的待遇时，华为还能居安思危，不卑不亢，任正非眼光之长远，足以说明中国文化的胸怀和底蕴。

5G路上的实干家

华为于 2009 年启动了 5G 技术研究，在当时连 3G 技术都没有普及，华为就已经开始了对 5G 的研发，足以证明其眼光超前。华为在 1G、2G、3G 时代都是模仿者，4G 时代华为拥有了自己的技术。最初启动 5G 时华为并不善于技术研发，创始人任正非说我们是游击队，头上裹着白毛巾、手里拿着把锄头，就开始闹革命。就是在这种实干精神的支撑下，华为成功塑造了自己 5G 路上的实干家形象。

制订 5G 控制信道标准方案——

任何一项跨代通信技术在商用前的准备期，都是通信设备商必须应对的大考，其综合实力也将一览无余。制定移动通信标准化的机构 3GPP 于 2016 年正式启动 5G 标准化，就促使 5G 成为移动通信产业当时热度最高的竞技场。

设立 5G 标准是需求驱动而非技术驱动，而这种需求是有一定的背景和原因的。

2015 年前后，全球 5G 研究在不断加速，5G 概念日渐清晰，设立全球统一的标准已成为共识。一些国家更是提出了 5G 商用时间表，而爱立信、诺基亚、华为、中兴、三星等比较领先的企业，已经针对部分 5G 关键技术研制出了概念样机。

正是这种需求驱动，才开启了 5G 标准设立工作。

从当时的具体情况来看，VR、AR、智能驾驶等业务的需求是5G发展的主要驱动力之一。VR和AR作为沉浸式业务体验的发展新方向，智能驾驶作为车联网发展的目标，均对当时正在使用的4G网络提出了严峻挑战，网络需要速度更快、覆盖更广、低功耗、低时延、应用领域更广泛。

以移动VR和AR为例，它们对网络的带宽和时延都提出了很高的要求。比如，无颗粒感的视网膜体验VR大约需要4.2Gbps的带宽；而为了减少VR体验的眩晕感，端到端的时延还必须小于20毫秒，网络时延则更是要求小于7毫秒……如此苛刻的要求，只有5G才能满足。因此，在VR和AR走向大规模普及的过程中，5G扮演了重要的角色。

再来看智能驾驶领域，要在自动驾驶的基础上实现更安全、更高效的智能驾驶，就需要获得5毫秒至10毫秒的网络时延保证，而具备超低时延和超高可靠性的5G就成为赋能未来智能驾驶的关键技术。由此可见，5G确为应需而生。

在5G成为电信运营商、电信设备制造商的竞技场的2016年，华为抓住了这个机会而且表现上佳：2016年11月18日，在3GPP RAN1第87次会议上，华为Polar Code码被3GPP采纳为5G增强型移动宽带（eMBB）控制信道标准方案。这是中国在5G移动通信技术研究和标准化上的重要进展。

占得无线网络架构云化的先机——

5G的发展不仅仅是技术的升级换代，更是整个移动互联网世界的全新创建，这对于电信运营商来说可谓挑战重重。

驱动5G的是需求，也就是说，5G商用能否成功，关键在于能否满足来自于对各行各业的诉求。对于用户而言，他们自然希望获得更好的体验，而智能终端如果能够接收到来自不同制式以及不同站点的信号，就能够进一步改善用户体验。但在2016年，终端只能在同一时间与某一种制式或者某个站点进行通信，通过无线接入网络云化来实现跨制式的超链接，从而带来资源融合。这是当时的重要诉求。

华为看到了这种不同行业、不同业务的诉求，于是华为给出的应对战略是：5G 云化架构先行。实干家华为说到做到，在 2016 年华为全球分析师大会上，华为率先在业界发布了 CloudRAN 解决方案，从而在无线网络架构云化潮流中占得了先机。

华为提出的 5G 建设的"架构先行"战略，在移动通信历史上第一次将云技术引入到无线接入网，通过 CloudRAN 解决方案构建起全新的网络架构，让移动网络能够为不同的行业、不同的应用，提供不同的服务保障，让运营商有能力为不同的行业提供不同的业务，从而促使运营商逐步完成数字化转型。

更为重要的是，CloudRAN 解决方案面向 4G 和 5G，构建起了跨制式、跨频段、跨层的统一 C–RAN 架构，不仅可以支持多技术、多制式的接入，而且具备了第五代移动通信 5G 的综合承载能力，架起了连接现有 4G 网络和未来 5G 网络的"桥梁"。通过引入云架构的硬件和软件体系，CloudRAN 解决方案不仅能够有效支撑现有 4G 网络的持续演进和业务快速扩展，还能在 5G 标准化后快速导入 5G 新空口技术，以拥抱未来移动宽带业务和垂直行业业务的多样性。

此外，针对电信运营商拥有多个离散频段的现实情况，基于 CloudRAN 解决方案实现的云化网络架构则提供了一条更为高效的、利用频谱资源来为用户服务的途径。事实上，把云技术引入到无线接入网络的 CloudRAN，已经成为下一代无线接入网部署上的事实性标准。

与运营商一道将 5G 变成现实——

通信产业从诞生那天起，电信运营商与设备制造商就是唇齿相依的合作伙伴。在通往 5G 的道路上，华为与电信运营商为伴，与他们联合开展技术创新，携手攻克诸多难关，把5G稳步变成了现实。

在5G技术创新上，中国的移动通信产业保持了与世界同步乃至领先。华为不仅联合业界领先运营商已经取得了一系列丰硕的成果，而且也使双方成为同路人。

在国内，一直以来，华为与产业各界一起，积极推动5G标准、技术和产业的发展与成熟，尤其是与中国移动、中国联通、中国电信、中国广电保持了长期的、良好的合作关系。比如华为与中国移动的合作，包括5GC波段样机；签署5G战略合作备忘录；进一步开展3.5GHz低频段5G系统功能与性能验证；华为应邀加入中国移动5G联合创新中心等。华为与中国联通的合作，包括签署5G战略合作；签署物联网战略等。华为还与多家电信运营商同时合作，比如与中国信息通信研究院、中国移动、中国联通、中国电信，率先完成了IMT-2020（5G）推进组第一阶段5G空口技术外场的测试验证等。

在国外，华为的电信运营商合作伙伴已经遍布欧洲、中东、亚洲和美洲，华为是这些电信运营商在5G领域最得力的合作伙伴。

2009年，北欧电信运营商Telia Sonera宣布签署了两项4GLTE商用网络合同，中国华为和瑞典爱立信将在欧洲建设LTE移动宽带。2011年，华为与英国最大移动运营商EE签署合同，全面升级EE在英国的GSM2G网络。2015年，华为与欧洲运营商共同建设了全球首张1TOTN网络，与英国电信合作完成业界最高速率3Tbps光传输现网测试。在西班牙2016世界移动通信大会上，华为与德国电信联合展示了业界最快的5G高频70Gbps速率的样机和世界上首个端到端网络切片；同时，双方还在大会现场演示毫米波多用户MIMO技术。

此外，华为携手日本移动通信运营商NTTDOCOMO完成了业界首个最高频谱效率的多用户5G新空口外场验证；与俄罗斯网络运营商巨头

VimpelCom（在俄品牌为 Beeline）签署了在 5G 网络领域的合作协议；与拉脱维亚电信提供商 Bite Latvija 在中国签署了建设 5G 网络基础设施的合作谅解备忘录，包括 2019 年在里加建设 5G 基站，在拉脱维亚全国发展窄带物联网；与电信运营商科威特 VIVA 签署全网独家千站 5G 商用合同，为科威特打造一个全国覆盖的 5G 商用网；与葡萄牙电信运营商 Altice 签署了一份谅解备忘录，承诺在葡萄牙开发和实施 5G 服务等。

　　总的来看，自 2009 年 5G 布局以来，无论是 Polar Code 码被 3GPP 采纳为 5G 控制信道标准方案，还是率先引入云化无线网络架构 CloudRAN，或是在世界上首个推出的端到端网络切片及 5G 高频 70Gbps 速率的样机，乃至携手电信运营商展开一系列 5G 外场测试及验证，都证明了华为不遗余力地走在 5G 之路上，彰显了华为的实干家形象。

华为5G技术的优势

就全球范围的移动通信产业而言，中国在这方面的起步较晚，在1G、2G、3G时代，移动通信技术标准都掌握在国外的老牌通信企业手中。从4G时代开始，中国移动通信产业逐渐跻身于主流阵营，至目前已在5G领域处于世界领先地位，而华为则是中国移动通信产业的前沿探路者。华为总裁任正非曾经说过："5G这一战关系着华为未来的成败，所以我们一定要在这场5G网络的竞争中，不惜一切代价赢得胜利。"华为有着20年做移动通信技术的经验，而在5G领域也已潜心钻研了10年。10年来，华为在5G领域全面发力，目前已经构建起技术、商用进程以及产业联动等多方面的壁垒和优势，并赢得了全球46个（截至2019年6月的统计数据）5G订单，高居世界第一。

数据分析公司GlobalData于2019年7月发布了全球首个5GRAN（无线接入网）排名报告，该报告主要针对业内五大主流设备商爱立信、华为、诺基亚、三星和中兴做了相应研究。报告里面指出，评判移动运营商的4个关键指标分别是基带容量、射频产品组合、部署简易度和技术演进能力。华为在这4个方面都获得了满分，并且在最终总的评分当中，华为也是唯一一个获得满分的供应商。据该报告显示，华为在5G无线接入网的产品能力整体最强，4个维度评估都是第一。由于这份数据来自国际上领先的著名数据分析公司，所以其得出的数据也更加真实，由此可以看出，华为和其他的电信设备供应商相比，确实更加优异。

华为基带容量最大，可以为5G用户的数量增长做好准备。5G基带芯片是5G建设中必不可少的一个硬件技术产品，因为手机、智能终端，数据终端等，甚至可以说所有要接入5G网络的设备都需要5G基带芯片。华为在这方面颇有作为。

在2018世界移动通信大会之前，华为发布了首款3GPP标准的5G商用芯片巴龙5G01。在本次大会上，华为还推出了两款基于巴龙5G01的CPE产品，这两款产品号称是世界上首款3GPP商用CPE。其分为低频和高频两个版本，两个版本均兼容4G网络。其中支持毫米波多频段的高频版本还支持直接以太网供电。

巴龙5G01是全球首款投入商用的、基于3GPP标准的5G芯片，支持全球主流5G频段，包括低频（Sub6GHz）和高频（mmWave），理论上可实现最高2.3Gbps（同类产品高通骁龙X24为2Gbps）的数据下载速率。同时，它还支持两种5G组网方式，一个是5G非独立组网，5G网络架构在LTE上；另一个是5G独立组网，不依赖LTE。华为能在5G标准冻结后第一时间发布商用芯片，率先突破了5G终端芯片的商用瓶颈。同时，华为还推出了基于巴龙5G01芯片的用户终端华为5GCPE。这让华为具备了为用户提供端到端的5G解决方案的能力，成为进入万物互联时代的基础设施。

2019年1月24日，华为在其北京研究所举办了华为5G发布会暨MWC2019预沟通会，会上发布了巴龙5000（Balong5000）基带芯片。同日，华为还发布了第一款搭载巴龙5000的终端产品——华为5GCPEPro（接收Wi-Fi信号的无线终端接入设备）。华为在2018年10月发布的新Mate系列麒麟980将搭配巴龙5000调制解调器，正式成为首个提供5G功能的商用移动平台。

巴龙 5000 工艺先进，采用的是台积电 7 纳米多模工艺，更先进的工艺，自然会带来更小的体积，更强的性能，以及更高的能耗比。在 5G 网络 Sub–6GHz 频段下，巴龙 50000 峰值下载速率可达 4.6Gbps，毫米波频段峰值下载速率达 6.5Gbps，是 4GLTE 可体验速率的 10 倍。此外，巴龙 5000 率先支持 Sub–6G100MHz×2CC 带宽，满足运营商多种组网需求，最大化利用运营商的频谱资源；业内首次支持 NRTDD 和 FDD 全频谱，助力运营商有效利用频段资源，为终端用户带来更加稳定的移动联结体验。与此同时，巴龙 5000 率先同步支持 5G 独立组网方式和 5G 非独立组网方式，在 5G 商用初期为非独立组网提供过渡解决方案，并且为 5G 核心网的建立以及全面向独立组网迁移提供硬件基础，加速推进 5G 产业的发展与成熟。华为此前表示过，从性能、功耗上来看，巴龙 5000 是目前最强的 5G 基带。

值得一提的是，华为于 2019 年 5 月 14 日成功注册了自有操作系统——华为鸿蒙系统，该系统将在 5G 时代发挥优势。5G 万物互联给手机操作系统提供了全新发展机遇，但是，无论是 iOS 还是安卓，目前都不支持连接"物"。而华为鸿蒙系统，可以从一开始就从人与人的通信、人与计算机的通信、人与物的通信、人与车的通信着手，去构造一个全新的操作系统。华为鸿蒙系统将打通手机、电脑、平板、电视、汽车、智能穿戴，将这些设备统一成一个操作系统，且该系统是面向下一代技术而设计的，能兼容全部安卓应用的所有 Web 应用。若安卓应用重新编译，在华为OS 操作系统上，运行性能提高超过 60%。

在 GlobalData 发布的 5G 无线接入网排名报告"射频"这项关键指标中，华为的射频产品覆盖场景更广，既便于设备方部署设备，又可满足运营商在各个场景下部署网络的需要。

射频指的是可以辐射到空间的电磁频率，频率范围从 300kHz 至 300GHz。

射频就是射频电流，它是一种高频交流变化电磁波。在做物联网或者Wi-Fi产品时，模板的天线口在与外接天线连接时要增加匹配网络，避免因射频通路上的阻抗不匹配而造成的反射和损耗，否则就降低了射频性能。事实上，华为为了帮助运营商平滑升级，确保用户VOLTE语音的最佳体验，在这方面投入大量资源进行了深入研究和开发。

华为于2015年10月推出的新一代射频互助8T16R模块有三大价值：首先，通过与移动现网F频段模块联合工作，提高上行接收能力3dB；其次，在城市覆盖中，由于站间距不大，深度覆盖不足，主要是由于上行信道受限，通过上行接收能力提高3dB，可以提高覆盖半径20%，从而有效改善城市中的弱覆盖；最后，在上行接收能力有效改善的情况下，用户在边缘的体验提高50%，进一步提高移动4G用户的体验一致性。

全新的射频互助8T16R模块开创了一种全新的建网模式，通过D频段建设，为原有F频段网络提供性能提升。在解决了网络容量诉求外，同时提高了网络的覆盖能力，这种互助的建网模式为未来无线网络建设提供了一种全新的建设思路。值得一提的是，该方案天面不需要改动，对现有的站点解决方案不需要做任何变更，只需要在建D频段的时候，采用新的支持射频互助的RRU，不增加额外成本，对现有的建设方案不做任何改动。

在2018世界移动通信大会上，华为超宽带射频家族方案荣获GSMA（全球移动通信系统协会）"最佳移动网络基础设施"奖。该奖项旨在表彰华为长期坚持以客户为中心提升用户体验，构筑下一代移动网络基础设施，帮助运营商降低网络全生命周期内的端到端运营成本。GSMA评委表示："华为在这方面的进步令人印象深刻，它将SingleRAN理念（华为于2007年与沃达丰谈合作时在业界率先提出的SingleRAN理念，该理念简单来说就是'一个网络架构、一次工程建设、一个团队维护'）带入5G时代，这将显著帮助运营商降低TCO。"

华为超宽带射频家族所包含的系列化的产品有：面向普遍覆盖场景的华为超宽带 RRU 和 AAU 产品，简化站点配置并节省建站成本；面向城区热点场景的超宽带 MassiveMIMO 产品，能够带来 5 倍的网络容量提升，有效降低每比特成本，为用户带来更好的上网体验；面向室内数字化场景的超宽带 LampSite 产品，为室内用户提供无缝覆盖和宽带体验，为最多 4 家运营商提供共享站点模式，缩短 ROI（投资回报）周期。

这些产品，是华为面向运营商多频共存网络建设的需求而创新研究的成果，能够帮助运营商克服移动通信网络部署中的挑战，提供更好的用户业务体验，构建以用户体验为中心的移动数字化网络。

在技术演进方面，华为硬件产品可向 5G 平滑过渡，帮助运营商节省网络投资。在巴塞罗那举行的 2017 年世界移动大会上，华为荣获"从 LTE 演进到 5G 杰出贡献奖"。该奖项是 GSMA 首次颁发的 5G 相关奖项，也是通信界公认的最高荣誉。这代表着华为在技术演进与产业推动上所做的贡献获得了业界高度的认可。为迎接 5G 时代的到来，华为从网络架构、频谱、新商业应用这几个方面积极准备并取得了显著成效。

在网络架构方面，2016 年华为正式发布面向 5G 演进的 CloudRAN 解决方案，旨在通过云战略重构无线网络，拥抱数字化转型的趋势，帮助客户实现商业成功。该方案是面向 4.5G 和未来 5G 的跨制式、跨频段、跨层的统一接入网架构，也是未来端到端网络切片的基础，未来能够帮助运营商实现一网多营的新业务模式。运营商基于这个架构进行部署，既可以在 4G 上获取更好的性能，当 5G 实现的时候只需简单地把空口升级就又可以支持 5G。

在频谱方面，为了应对未来 MBB 网络流量加速增长的挑战，华为持续投入技术创新，率先与世界众多领先运营商合作完成 5G 新空口技术和高低频协作组网的规模外场验证，能够同时实现连续广覆盖和容量大幅增强，单用户速率达到25Gbps。在毫米波段，在西班牙2016世界移动通信大会上，华为与德国电信联合展示了业界最快的5G高频70Gbps速率的样机，使用5G技术实现了70Gbps这一业界第一的速率。另外，华为创新的CloudAIR解决方案可以实现空口资源的利用率提高，同时满足新制式的快速覆盖，以及解决老制式的长尾问题。与此同时，通过5G技术4G化，华为率先与运营商合作完成MassiveMIMO在4G现网的部署，大幅提高了网络容量与用户体验。

在新商业应用方面，华为各个业务均遵守一个逻辑，即不断提高产品和服务能力，帮客户降本增效，以获得更大的市场份额并盈利。为帮助行业构筑新商业模式，华为通过不断合作探索，在垂直应用层面打造了基于NB-IoT技术的多个领域物联网样板案例，包括智慧水务、智能燃气、智能停车、智慧路灯、共享单车等。与此同时，华为于2016年成立了XLabs（华为应用场景实验室），其定位的是人们未来3~5年的科技生活，方向是与更多的垂直行业伙伴共同孵化新应用，拓展业务新疆界。

华为超强的技术演进能力，能够为移动通信运营商提供更好的覆盖、更高的容量、更灵活的架构，这将帮助他们在向5G演进之路上始终保持领先地位，并最终将5G带入现实。

华为5G缩影：5G基站黑科技

规模化的基站是 5G 推广商用必不可少的基础设施建设，随着 5G 牌照的发放，2019 年 5G 将需要 17 万个宏基站，而 5G 的投入要比 4G 高 50%。对电信行业来说，覆盖、拥塞和干扰是影响移动通信质量的"三座大山"，运营商解决这些问题的过程通常被称为"网规网优"。

以往运营商的网规网优工作以人的经验为主、工具为辅，他们披星戴月，爬塔搬砖，就为了让用户使用设备时有好的体验。而到了 5G 时代，除了要满足群众更高质量的通话和上网需求，还要承载大量行业关键业务。虽然 5G 具备大带宽、低时延、可靠性等先天技术优势，但是要把这些优势充分发挥出来，"网规网优"则是必要之举。而 5G 时代的网规网优，不光靠人的经验，更多的要靠创新的技术。

华为发现了现有基站存在的问题，经过分类，有针对性地开发出独有的模块化建站新技术，打破了传统模板建站方式，全面解决了 5G 基站面临的成本问题。

华为首创的模块化建站技术主要包括三类："1+1 站点""全刀片站点"和"0 站址站点"。

"1+1 站点"主要是为了解决因为电源问题而不能够继续建设的 5G 基站，主要的技术要点是电源叠加，通过增加电源的模块就能够很好地解决这个问题。

"全刀片站点"则是将模块标准化，有效减少传统的站点占地大、费用高、安装维护复杂等问题。该技术可以更方便地适应各种环境部署，不管是铁塔、铁杆、房顶、墙壁，都不需要专业的机房机柜就能很便捷地安装，在很大程度上节省了空间，从而更利于电信运营商的5G网络部署，也省去了用户大量的建设成本。这项技术荣获了国家科学技术进步一等奖。

"0站址站点"的技术能力更为强大，可以直接通过增加组网就能够完成5G基站的建设，在很大的程度上节约了成本。它不需要再额外增加基站或者模块，而通过"三层立体组网"的理念，将传统的基站增加杆站层组网，把现有的杆资源组合起来，真正实现了现有资源共享，而这种技术再次让华为在5G中拥有了更高的发言权。

除了模块化建站技术外，这里还必须说一说华为建站过程中对AI技术的运用。

在移动通信领域，5G和AI是当前两个比较热门的领域，两者不期而遇，彼此之间存在一定的联系。概而言之，5G和AI相互融合，相互促进，共同带来社会经济和人民生活的巨大变化。AI可以帮助5G在部署规划、运行维护等方面实现高度的自动化和智能化。华为5G基站在建设过程中，从建网到运营总共有规划、安装和部署、调优、运营这几个环节，AI在这之中充当了相当厉害的角色。下面我们来具体看看。

5G站点的规划非常重要，如果没规划好，可能出现覆盖不佳，比如欠覆盖或过覆盖；或者容量不合理，比如不足或过剩。这样不仅影响用户体验，还会造成运营商的投资浪费。如果根据系统采集到的数据，诸如周边环境、话务量、站点覆盖与容量等，通过AI分析和预测，就可以给出精确的站点规划建议，诸如放几个、放什么形制的、放在哪里等。通过AI精准布点，最终能够达到最佳覆盖和最佳容量。

在基站规划完成后，重头戏就是站点的安装和部署。安装和部署的整个过程非常复杂，比如一个基站的部署，它的过程会复杂到什么地步呢？一是基站种类多，因此先要确定建设的是宏基站、微基站还是皮基站；二是配置复杂，诸如硬件多、端口多、连线多、参数多等；三是人工交互环节多，由于人工传递信息、文件、电话过程中需要相互等待，因而很多时候信息不对称。这样一来，其整体工作量就可想而知了。如果采用有 AI"加持"的 5G 基站部署自动化方案，那么就轻而易举，因为它是全流程的自动化配置。为什么能实现"自动化"呢？核心在于其极简的站点规划，包括硬件自检测、自配置，还有就是全部基于 REST 接口与 OSS 通信，使得基站能力更为开放。以前是基于 Corba 接口，粒度小，模块多，效率低，现在基于 REST 接口与 OSS 通信，其效率可提高 4 倍以上。

通信网络为了提高容量往往都采用了"复用技术"，即一条网络让更多用户使用。传统的复用技术有 TDM、WDM、CDM 等。5G 除了使用大家熟知的 TDM 时采用复用技术以外，为了进一步提高容量，还利用大规模阵列天线技术进行波束调整，根据用户的分布规律，灵活调整信道的波束分布，达到覆盖和容量的最优而干扰最少。这种天线技术虽好，但调优却很让人崩溃。在天线调优中有个术语叫"Pattern"，就是一系列的天线参数的组合，最终要在这些组合中挑选出最优秀的一个 Pattern，才能让基站的覆盖效果最好。但如何在成千上万种 Pattern 中挑出最优秀的那个呢？以前挑选 Pattern 靠专家经验，现在挑选 Pattern 则结合 AI 的识别类算法，从而找到最优配置场景。比如在具有潮来潮往的潮汐效应的区域，能根据每个区域内的话务分布特点，结合潮汐效应时间段做出智能化调整。再如根据信号使用人员的分布状况在一段时间内相对固定不变的特点，设计广播权值自适应来达到最优覆盖。

AI 用于调优天线分为四步：一是训练。通过对全球的现网数据的采集、分析、整理和标注，构建全局经验库，利用机器学习来训练模型。二是推理。本地新基站开通后，基于默认的 Pattern 参数和实测数据输入到模型中，进行推理。AI 会给出最优的初始 Pattern。三是调优。AI 根据每次调整参数后网络的容量数据来不断地调整 Pattern，直到找到网络覆盖最优的那个 Pattern。四是优化。在"调优"的参数基础上，根据话务的增长以及潮汐波动，快速地学习与推理，生成匹配话务变化的最优的 Pattern。就这样，AI 通过逐步学习和推理，从数千种参数组合中找到了最好的那个，从而实现了当前站点的最优覆盖。

由于现在人们用手机上网越来越频繁，为了让覆盖更好，上网更爽，基站密度也将越来越大。然而，高密度基站将使能耗大增，所以如何节能是个关键的问题。通常，运营商会采取这样的办法：在夜间话务量低谷之时，关闭基站部分载波，保留少量载波，从而完成基本覆盖，这样可以达到省电的目的。这就像"关路灯"似的，以前关闭基站时，只是靠人的经验来确定关闭时间段，现在用 AI 预测每个基站小区的话务量，根据预测结果来确定载波关闭时间段，即不关闭基础覆盖小区载波，只关闭其余小区载波。这样精准的 AI 算法可以推算出精确的"拉闸"周期，保障基站部分载波关闭时网络质量不会受到影响，也实现了节能和效率最大化。

从天价5G手机看华为品牌崛起之路

世界首款 5G 折叠屏手机——MateX 是华为在 2019 年世界移动通信大会上发布的。MateX 采用鹰翼式外折方案，展开后的尺寸达到 8 英寸左右，折叠后相当于一个双屏手机。折叠屏独创转轴设计，可实现 0 度至 180 度自由翻折，实现分屏浏览的同时，双屏间亦可多任务协同操作。此外，该手机搭载华为首款 7 纳米 5G 芯片巴龙 5000。单芯片支持实现 2G、3G、4G 和 5G 多种网络制式；4 组 5G 天线设计，下载速度高达 4.6Gbps，下载 1G 电影仅需 3 秒。在安全设置方面，MateX 在 5G 设置下也将更加私密安全。

华为发布 MateX 时将其定价为 2299 欧元，约合人民币 1.75 万元。对此，有分析人士认为，这款 MateX 手机其实更多的是华为用来展示自己实力的机型，所以不管定价 1.75 万元还是定价 0.175 万元，定价高反映出自己是高端品牌，毕竟只有高端品牌才会有高溢价，有高溢价才能赚钱，所以提升品牌形象非常重要。

华为的品牌如今做得很出色，但放到十年前，没有多少人知道华为。那么华为是如何从一家少有人知的公司成长到今日的品牌的？事实上，华为的成长之路，也是一条"华为品牌"的崛起之路。

华为目前一共有三大业务，即运营商业务（探索 5G 的应用）、主营业务（包括通信网络、IT、智能终端和云服务）和消费者业务（即手机业务），其中前两者为世界第一，后者为世界第二。而且华为近一半以上的收入来源于国外，是真正的一家在赚外国人钱的企业。

在手机方面，华为成立之初主要从事交换机业务，根据运营商提出的需求，在满足质量要求的前提下尽量控制成本，造出尽可能低价的手机。有些手机甚至都没有打上华为的 logo，而是直接以运营商的品牌出售。"竭尽所能满足客户需求"是华为的强项，也是华为多年服务于运营商所积累的经验。直到 2011 年，运营商市场出现手机质量差 / 收益低等问题，华为开始放弃运营商，真正走到了消费者面前。这个时候华为的品牌才真正开始受到重视。为了打造自己的品牌，华为卖给运营商的手机从 2011 年开始要求必须在手机上有华为的 logo，并开始对消费者进行细分，打造不同系列机型，以服务不同消费群体。

华为虽然要求运营商在手机上有自己的 logo，但华为并没有打算将自己的品牌放到低端市场，所以在一开始就砍掉了低端手机生产线。比如在 2012 年 1 月举行的国际电子消费展上正式发布的 P1，这可以算是华为手机进军高端、塑造品牌的首个尝试。

华为于 2013 年 6 月 18 日发布了 Ascend P6，这对华为手机而言是一个里程碑，该款手机产品赢得了市场的一致认可，进入了 100 多个国家市场，销量总计达到 400 万台，获得了最佳手机、最佳设计等多项大奖，从而使华为实现了华丽转身。至 2015 年，华为的手机产品和服务遍及 170 多个国家，服务于全球 1/3 的人口，在中国、俄罗斯、德国、瑞典、印度及美国等地设立了 16 个研发中心。消费者业务是华为三大业务之一，产品全面覆盖手机、移动宽带和家庭终端。2015 年华为手机入选 Brand Z 全球最具价值品牌榜百强，位列科技领域品牌排名第 16 位。

2015 年至今，华为每年都有新产品问世，陆续发布了 P9/P9Plus、Nova2s 和 Nova2Plus、Mate10、荣耀 V10、P20、P20Pro、P20Lite、MateX、

P30/Pro 等。华为 Nova2s 在华为京东旗舰店好评率高达到 99%，华为商城好评率 100%，华为天猫旗舰店更是获得了 4.9 的高分好评。手机超高的颜值和逆天的拍照功能收割了一大票用户，而高性能更是让这部手机的好感度快速上涨。据 ZOL 中关村在线的手机用户调查显示，超六成的用户表示对 6 英寸全面屏、双面玻璃外观更感兴趣，其次为前后双摄的设计。独立 HIFI 芯片、大尺寸扬声器以及人脸解锁功能紧随其后。

所谓"华为品牌"，其实并非仅仅是我们看到的手机，还有 5G，还有 IC 芯片。在 5G 领域，华为已经领先全球；而在 IC 领域，华为研发了 100 多种芯片，是国产第一 IC 品牌。

华为是极少数能自主生产核心芯片处理器的厂家。其他的大部分厂商如中兴、小米、OPPO、vivo，都在使用美国高通或者我国联发科的芯片。而华为自主芯片的设计公司，就是华为旗下的海思半导体有限公司（以下简称海思）。这个公司绝对是华为的王牌。海思在刚开始的时候，相对于华为的其他业务，在业内饱受白眼。不过任正非却坚持认为，即使业内几十年内不用海思的产品，我们也要坚持下去。经过几十年的发展，海思已经成功研发出了 100 多款自主芯片，500 多项技术专利，是中国第一大 IC 芯片设计公司。

海思早在 2002 年就已经成功开发了第一块 COT 芯片。十年后，也就是 2012 年，海思推出四核手机处理器芯片 K3V2，并搭载于 Ascend D 上市。再后来又有了大家熟悉的四核麒麟 910T、64 位八核芯片海思麒麟 930、麒麟 950、麒麟 960 等。其中，麒麟 960 更是被评为 2016 年最佳安卓手机处理器，还被 Android Authority 评选为"2016 年度最佳安卓手机处理器"。但是，海思对这一切都非常低调，而在随后暗暗发力的日子里，则推出了一款又一款芯片。

除了手机领域，海思的处理器在安防领域也获得了不俗的成绩。目

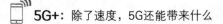

前，海思的业务主要分为三个部分：系统设备业务、手机终端业务以及对外销售业务。在海思多年的努力之下，目前已经成功拥有 100 多款自主研发的芯片，申请的专利已经达到 500 多项。

华为在芯片上的"野心"，远不止于手机芯片，物联网才是华为更远大的"诗和远方"。5G 时代，华为发挥着重要的作用。当然，这也都是海思的功劳。

第九章

5G商用在简播:
创造5G.3D三维互联网传奇

5G商用之际,简播正在积极驱动和带动5G商用在实体经济中落地的场景和应用。简播团队以"振兴实体,强我中华"为使命,在过去20年的时间里不断前行,他们不仅设计了实体生态模式,还利用5G商用的时机把大数据与人工智能赋能给实体,将所有的模块都做成了可组合的软件系统模块并付诸实施,这是他们用时间沉淀出来的成果。简播是5G商用时代为企业和个人赋能的超级工具,一站式为企业和个人提供营销和推广支持,解决了商品与人互联共通的问题!

简播理念：再小的实体，也是生态

简播是什么？

凭什么简播可以在 5G 商用时代帮助实体经济建立生态呢？

简播，是 5G 商用时代以"振兴实体，强我中华"为使命，用大数据人工智能赋能实体，帮助实体建立生态，实现业绩倍增，解决缺客户、缺人才、缺资金三大问题的生态级技术落地系统。

5G 是什么？

有人说，它是带宽大。

有人说，它是网速快。

有人说，它是节点多。

简播说，它就是：看得到，听得懂，想就有！

世界 5G 看华为，5G 商用在简播！

它能让你看得见，未来只要你呼喊简播的名字，它就能利用 5G 网络把你想看到的内容，立即以 3D 三维的形式活生生地出现在你的面前。

它能让万物听得懂你说的话。语音购物、充话费、叫外卖、放音乐、讲故事、玩游戏，甚至帮你开空调、开窗帘、控制所有智能家居！

它能帮你"想就有"，把想法变成现实。意念控制无人机、意念控制开关、意念控制智能家居，这一切都将在简播中让你立即体验到。

简播带你走进的就是一个这样美妙的 5G.3D 三维互联网的时代。

　　我醒了，想想打开窗吧，窗帘就自己打开了。

　　我饿了，我想看下喻学军家某品牌的土鸡，喻学军家该品牌的土鸡就立即飞出屏幕。

　　我想喝土鸡汤，智能机器人就自动下单，把土鸡汤准备好。

　　我想马上就喝上汤，无人机立即将土鸡汤送到我们阳台上。

　　这些科幻电影里的画面，在简播中都将不再是天方夜谭！

　　所有的行业，都将遭遇巨大冲击！

　　值得注意的是：简播不仅整合了门、窗帘、电饭煲、空调、马桶、摄像头这些家庭设备厂商，还把它们全部智能化连接起来……

　　简播的背后是一个开放系统，它之所以能买菜、购物、查快递、点外卖，是因为它将通过整合支付、积分、微信、支付宝、淘宝、菜鸟物流等能力，联合所有附近实体门店，共同组建实体经济的生态圈。

　　"把厨房门关一下。"

　　"打开卧室空调，调至 25 度。"

　　"打开电视，切换到体育频道。"

　　"两小时后，把客厅打扫一下。"

　　"看看孩子睡醒了吗？"

　　"马桶忘记冲了，冲一下。"

　　"帮我买两斤五花肉。"

　　你的所有命令，将只需要一句话。万物互联之下，一切将开始改变，甚至，它比你自己更懂你，成为你生活的超级参谋。

　　你说："帮我买'一个电水壶'。"

　　它答："主人，我分析了你的行程，你的水壶是要出差用的吧，我建议给你买一个北欧电水壶，这个出差可以折叠，更方便。"

　　去年以前，我们从未感受过如此强烈的人工智能气息，更对未来从未有过如此的惶恐不安！

斯坦福教授卡普兰做了一项统计，美国注册在案的720个职业中，将有47%被人工智能取代。在中国，这个比例可能超过70%。

我们必须开始正视一个问题：我们正身处在新旧世界交替的夹缝里，每一个人都在夹缝里寻求生存。

这个时代，你害怕，不再代表别人也怕，反而是别人的机会。银行连信用卡都不敢给的人，支付宝却敢借给他们钱，还不要抵押；这个时代，余额宝规模超越招行、追赶四大行，真的很意外吗？非也！谁真正在服务群众，依靠群众，帮助实体经济打赢"人口、互动、成交"三大战役，谁就能赢得未来！

未来社会究竟是怎么样的形态？

习主席说，中国强大要靠实体经济，要推动互联网、大数据、人工智能和实体经济深度融合。

未来的5G三维互联网就是数据回归实体、数据回归价值的时代，5G商用、大数据与人工智能将不再成为互联网寡头独有的专利，简播将为所有的中小企业实体经济赋能，用超过亿元的研发投入与运营支持，帮助5000万实体企业由一维的弱势群体，轻松升级为六维的"现金、优惠券、储值卡、积分、联盟福包、定向福包"的超级大数据人工智能联盟企业，只要实体企业掌握了"发—收—分—兑—联—连"的简播六脉神剑和四大落地秘诀，表面看起来是业绩立即提高了3~5倍，但深层次是将每个实体的"人""信息""商品"三者通过引流—成交—裂变互相连接起来，这三者分别代表人类的社交、感知和交易三大行为。一旦它们建立了连接，可以发挥"1 +1+ 1>3"的综合效应。因为这三者是可以互相作用的，连接起来就可以发生裂变和聚变的效应，瞬间聚合，张力无限。

它将是一种全新网络，将万事万物以最优的方式连接起来。未来的世界里，每一件物体都有传感器，实现数据交互。人、花草、机器、手机、交通工具、家居用品等实体经济的每一个分子都有独立的 IP，一切物体都可控、交流、定位，彼此协同工作。世界上几乎所有东西都会被连接在一起，超越了空间和时间的限制。

万物都将打破原来的界限，走向生态、生活、生产的三生共生、三生共融、三生共赢的世界，共同组建一个更包容的"人类命运共同体"大生态系统，届时，整个世界的规则会更加清晰明了，所谓的"主观"情况干扰会越来越少。我们知道跟"人"打交道是一件最复杂的事情，因为人的七情六欲会时刻影响一个人的行为，"人性"在很多时候往往是一种阻碍。但是在未来，人和物、物和物之间的主要沟通将依靠数据，这是一种很客观的东西，它将会遵守我们已经制定好的规则，这也会帮人类省去不少烦恼，人们会感觉越来越轻便、轻松。这也就是一种大网无网的状态，也就是万物互联。

一旦实现万物互联，价值就必将回归伟大的实体经济，因为它们才是价值的最终创造者，那么世界的变化是不可想象的！

这也正是对"互联互通、共享共治——构建人类命运共同体"的深刻洞察，未来的社会是一个生态价值共同体，再小的实体，也是生态，每一个存在的实体都必须是一个价值创造者。

简播联创团队将过去 22 年来服务银行、阿里、腾讯的所有技术与经验全部免费赋能给实体企业，改写的不仅是商业，而是整个世界的规则。

每一场变革，淘汰了一批人，也成全了一批人。

与其恐惧，不如把它当作重生的机会！

未来，我们不再需要从事简单重复的体力劳动，但需要我们用心去思考、去创造价值。

一切都在觉醒，一切都在改变，5G 商用是一个颠覆的时代，也是一个最好的时代，它是属于一个为相信创造价值的时代！它更是一个中华民族即将成为世界第一的时代！你，准备好了吗?

简播实体业绩倍增系统及团队简介

简播的理念是："大道至简，传播天下，振兴实体，强我中华！"大道至简是简播的"简"，传播天下是简播的"播"，简称"简播"。"爱的传播"是 5G 商用时代的传播之道，把握之道！

简播注重"爱人如己，关系第一，三生共赢，为相信创造价值，用爱改变世界"的企业文化，以"振兴实体，强我中华"为使命，将"以 5G 商用为实体企业赋能，帮助实体企业实现 5G 商用落地与大数据化升级转型，实现业绩倍增"作为目标。简播是 5G 时代实体企业业绩倍增的超级工具，一站式为企业和个人提供营销和推广支持，解决了商品与人互联共通的问题！

简播 5G 商用实体业绩倍增系统是简播团队基于 5G 应用场景，用大数据、人工智能等底层技术而成功研发的"天地人（TDR）"三网合一强关系大数据平台。该平台是简播团队在天地人三网建设中的创新成果，凝聚了简播赋能团队为银行工作十年，为阿里、腾讯、华为等公司落地服务的众多智慧。简播的实体企业赋能团队阵容强大，包括周嵘、苏静、马兴彬、李亿豪、白丹、马让霞、秦雪峰、李建军、江祖兴、刘大鹏、王俊杰、赵福云、蒋吟秋、何才等老师，我们也感召更多的老师们一起加入到"振兴实体，强我中华"的伟大使命与梦想中来。

马兴彬（创始人、董事长、总架构师）简播 TDR 研究院院长，原邮储银行地区金融计算中心主任、系统管理员，原阿里淘宝大学视频技术外包研发团队总架构师，原腾讯 QROBOT 项目组互动—直播领域总架构师，曾服务于邮储银行十年，所研发的技术产品曾服务于阿里、腾讯等众多项目。

周嵘（联合创始人、简播大学名誉校长）整合营销专家，《整合天下赢》品牌创始人，资源整合国际研究中心主任，中国中小企业协会副会长，中国营销协会副会长，中国培训行业学习卡模式创始人，简播业绩倍增顾问。

李亿豪（联合创始人、董事、首席执行官 CEO）原中国电子商务协会移动物联网委员会主任，中国城市化委员会委员，清华北大移动互联网商业模式课程特聘讲师，地推铁军总教练。

白丹（联合创始人、首席技术官 CTO）曾任美国 EBT 公司、美国 Inso 公司高级软件工程师，美国 BEA 公司（云计算创始团队后并入甲骨文）高级软件工程师，美国 instep 软件公司（后并入施耐德）大中华区技术总监。

苏静（联合创始人、简播大学执行校长）牛蛙网创始人，乐享云商创始人，北京梦无缺慈善基金会监事长，互联网品牌营销与创意策划名家，CCTV《奋斗》《时代风向标》档目顾问、财经观察员。

马让霞（联合创始人、执行董事）曾担任中国人保、中国平安高级首席产品设计师，连续六年被评为中国人保"特殊贡献奖"。指导多家公司实现上市，是全国顶级资本运作专家。

秦雪峰　5G 商用落地导师，5G 技术高级工程师，大学老师，原华为全球技术支持工程师，曾在德国、英国、法国、美国以及中东、非洲等国家负责通信互联网落地工作。

李建军　简播智慧连锁实战专家，中国连锁培训咨询隐形冠军、《连锁与特许》《销售与市场》特约撰稿人，福耀、奥康、创维、联想、梦天、四季沐歌等 11 家上市公司顾问。

何才　简播技术培训专家，12 年互联网营销实战与策划经验，百度知道超级管理员，百度认证网络营销培训师，成功策划"万人抢楼"等活动。

王俊杰　国际心理学博士，简播商业模式落地导师，《团队动力系统》创始人、总教练，《阳明心学智慧》创始人、总教练，王阳明心学第 21 代孙。

简播利他模式：为相信创造价值

有一批真正的理解简播、认同简播价值观的伙伴走到一起，这才是最珍贵的。简播最核心的竞争力不是所谓的黑科技、大数据，也不是别人看到的竞争力，真正的竞争力是来自于一群深爱简播的人。这些合作伙伴认同简播价值观，即认同"爱人如己，关系第一，三生共赢，为相信创造价值，用爱改变世界"的简播基本核心价值观。只有这样的一群伙伴，才是简播最珍贵的财富。简播在完善技术能力后，再把技术能力和科研能力赋能给大家。简播需要的是一种大家完全从内心对它价值的认可和理解。

"为相信创造价值"是简播的文化，这一文化具体体现在简播的利他模式之中。简播的利他模式也就是简播的合作模式，其中包括简播的合作级别、C端创业者、T端投资者、B端项目方的合作及其各自的收益。下面我们来具体看看。

先来看简播的合作级别。简播的合作级别有粉丝、群主、店主、盟主四种——

粉丝：如果你是简播的粉丝，付了23元的快递与服务费用，简播就会给你寄去简播的3D手机屏，你装好之后下载简播3D-APP，立即就可以完成你手机的3D升级。进入简播，你就进入了裸眼3D的三维互联网世界。

群主：如果你是简播的群主级伙伴，粉丝未来在简播3D三维供应链的收益都与你相关。

店主：如果你是商家店主，想开通简播 3D 的展示与简播 3D 的商城，开通简播 3D 的门店，简播会帮助你建立一个实体的生态化门店。

盟主：如果你是老板或总裁，欢迎你参加简播盟主锻造营，简播将为你精选多位名师，把你训练成为一个优秀的简播商业联盟负责人，学会为止。

有粉丝了，商家只要努力做好产品，粉丝就可以快乐地消费（他们的互动就代表着消费的产生，消费的产生是自然而然的）。无论是自动售货机、便利小店，还是餐厅、在线商城，只要粉丝有消费，你就能实时收到奖励。商家给你发多少红包由商家的营销力度自主决定，便利店可能少点，餐厅会高些，奶茶店可能多点，美容院可能更多，多少不重要，重要的是这个粉丝的吃穿住行都与你息息相关。由此可见，这是一个细水长流的生意。

再来看看 C 端、T 端和 B 端的情况。

C 端创业者的梦想是：有一个平台不给我投入压力，教会我知识，不让我欺骗别人，有人教有人帮，不仅帮助我赚钱，还帮助我做好落地，让我落袋为安，能轻松靠努力赚到人生第一个 100 万元。C 端创业者有三种合作方式：一是群主合作方式，二是店主合作方式，三是盟主合作方式。这三种合作方式有不同的合作方案。

T 端投资者的梦想是：我的投资能最快速地回本，然后细水长流天天有收入，最后有机会增值十倍百倍。T 端投资者的投资方式有三种：一是区、县级投资，二是市级投资，三是省级投资。这三种投资方式也有不同的方案。

B 端项目方的梦想是：我的项目能快速稳健地做大做强，我做好产品，做好服务，其他例如强大的技术能力、强大的渠道建立招商能力、后期的资本放大能力都有专业人士协助我，用对赌的方式，让我风险尽量小

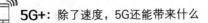

地实现项目做大做强。B 端项目合作有两种方式：一是技术服务，二是上市孵化。这两种合作方式也有不同的方案——

技术服务费。项目方交 200 万元年费后则有如下回报：布局 TDR+ 企业小程序；布局 TDR+ 企业服务公众号；布局 TDR+ 企业 APP；一年技术服务支持。

上市孵化。项目方与股权对赌，所得回报包括：业绩对赌；引荐基金公司；上市路径指导；风控指导。

简播TDR原理："天地人"三网合一

5G商用与实体经济的应用场景，简播简单地解读为"看得见，听得懂，想就有"！

看得见，是指通过5G通用网的强大能力，在大数据与人工智能支持下，所有的事物不在现场就在眼前，无论3D三维、裸眼3D，还是VR、AR应用都能按需而看，从而完成实体产品价值的简单传播。

听得懂，是指5G商用时代下，万物实现互联，万物通过语音语义的学习，能听得懂人的任何语言，并且做出智能化的反应。

想就有，是指5G商用时代下，脑波及生物识别与机器学习技术持续进步，完成对人类的思维、表情、动作与多维识别，人类基本上可以达到想要什么就立即拥有的状态。

而看得见、听得懂、想就有的后端连接着千万个实体商家，简播TDR讲的就是"天地人"的三网合一，由此打造出简播TDR的最小闭环，从而实现了人、家庭与实体服务间的无缝对接，互融互通，互补共享。具体来说，就是通过简播天网3D展示来形成客户教育并建立推广关系，通过门店地网形成自然消费，再通过人网实时奖励推广人员而形成复次推广。

下面的简播TDR实体生态业绩倍增藏宝图涵盖了简播"天地人"三网合一的指导思想和操作指南。

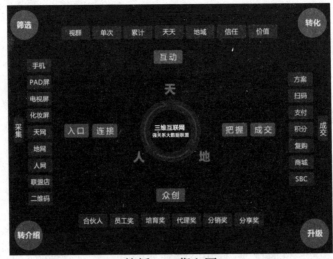

简播TDR藏宝图

系统模块图

简播 TDR 藏宝图所包含的指导思想和操作指南可归纳为如下口诀：一个中心、两个基本点、三网合一（引流—成交—裂变）、四个阶段、五大系统、六脉神剑、七星阵法。

下面，我们对这几句口诀做一个大致的介绍，其更为具体的含义及其操作方法，后面的几篇文章"简播梦想家""视群""群主""盟主"中将有不同角度的阐述，从中可以领会和把握简播 TDR 藏宝图所涵盖的思想和方法。

所谓"一个中心"，即以帮助实体企业建立自己的大数据生态为中心。这是简播的目标。建立一个中心的方式是"粉丝＋互动＋大数据库"，意思是说，粉丝互动大数据就是一个企业生态的中心。如果没有这个中心，企业就等于白干。

所谓"两个基本点"，即传播（播）和把握（简）这两个基本点。这是简播 5G 商用的传播之道，把握之道，亦即"大道至简，传播天下"。两个基本点需要连接系统和动力系统这两大系统的支持。在连接系统中，微信因为连接一切，所以创造了那么大的价值。在动力系统中，粉丝之所以能裂变，是因为有动力。在"圈粉"的时代，今天不圈人，未来将无粉可圈。开通简播 3D 直播间就可以让别的员工帮你打工，可以让所有的粉丝帮你免费打工，而你只要设置好一套动力系统参数即可。

所谓"三网合一"，即天地人（TDR）的"引流、成交、裂变三网合一"。这是简播的核心所在。"T"即天网引流，通过天网分享建立了粉丝推广关系。商家与推广人员可以通过简播 3D 轻松地把自己使用 3D 的方式最真实地呈现给客户，让客户兴奋，从而形成购买动力。"D"即地网成交，粉丝到了地网门店形成自然消费。每个商家都可以通过简播盟主系统建立起自己的地网联盟系统，拥有 3D 直播商城、会员卡、智能积分、储值、3D 在线商城、员工分红、商家众筹、商家联盟等工具。这些超级商家工具，完成门店的落地服务，高效运营，实现投资的快速回本。实践中，有的门店使用盟主系统落地服务，仅仅开业一天就回收了全部投资。"R"即人网裂变，商家根据订单消费实时奖励各个参与方，使得参与各方均获得动力，促使他进行下一次的推广。任何在地网上扫码支付订单，均会在一秒钟内向客户的推广人（包括城市的运营合作商、员工、股东）发出实时的现金奖励或积分奖励。你与员工建立了信任，与众筹股东建立了信任，与区域代理建立了信任，与顾客建立了信任，这样你就成功地实现了各种资源的整合，实现了"我为人人，人人为我"的人网建设！

所谓"四个阶段"，即连接你→看到你→相信你→支持你。这四个阶段构成的整个过程，其实是简播思想理念在实践中的具体体现。这个过程是这样的：比如你把3D直播间分享给你的朋友，朋友打开之后马上就看到你，看到你以后通过深度互动然后就相信你，最后支持你。这个时代，其实都是从连接你到看到你，再到相信你，最后到支持你。

所谓"五大系统"，即入口、互动、成交、结算、联盟。入口就是拉新，意思是拉到新客户；互动就是围绕新客户，维护老客户；成交就是设计出让顾客尖叫的方案；结算就是人网的秒结利润分配和动力系统；联盟就是通过整个体系建立自己的联盟机制，能够让更多的资源为你所用，天下资源不为你所有，但为你所用。

所谓"六脉神剑"，即采集、筛选、转化、成交、升级、转介绍。怎么理解六脉神剑的这几个环节？比如，我有五个微信号，每个微信号5000人。我今天要做直播，要群发这五个号，五个号就是2.5万人，这就是对这2.5万人进行采集。采集完之后可能来了1万人，1万人有5000人转化了，可能有500人成交了，可能有50人升级了，然后这50人就开始给我转介绍。这个逻辑是非常严谨的，根本停不下来，只要有人进来就会自动裂变，就像生产线的原材料进去成品出来一样！

所谓"七星阵法"，即道、术、法、器、诀、临、态。道即规律，强调的是学会简播模式，将复杂问题简单化；术即流程，意思是设计流程方案，将简单问题流程化；法即标准，要形成标准模块，这样就可以将流程问题标准化；器即工具，要善于运用工具来落地，从而将标准问题工具化；诀即诀窍，在实操中积累诀窍，将工具问题诀窍化；临即临摹，大量学习借鉴成功案例，将诀窍问题临摹化；态即生态，就是通过不断地优化内容，使生态、生活、生产分别得到改善和提高，从而实现生态圈的可持续发展。

简播5G梦想家及其操作指南

简播 5G 梦想家是简播 5G 商用的落地产品，它的设计目标是让一切都"听得懂"，它有许多创新的优势，具体体现在如下 9 个方面：

第一，采用领先语音技术，识别率高达 97%，可识别六大主流方言，语音容错能力强大。

第二，完成智能家居匹配后，用户还可以用语音统一管理家中的红外家电。而且智控家居你只需要说开启空调，开启电扇，风扇摇头，空调制冷，多少度，不再需要去一个个地摁。

第三，云教育系统，全年龄段教学，生动形象的视频辅导，一年级至九年级课程资源可终身学习，七国语言翻译，中英互译、英中互译……哪里不会译哪里，父母不再担心孩子的学习。

第四，打造语音游戏专区，可以语音找游戏、玩游戏；联合讯飞打造"讯飞音乐"，涵盖海量曲库，可以用语音轻松找歌，甚至遥控器变身麦克风，让客厅变身练歌房。

第五，获得八方互联正版授权，携手腾讯，拥有海量正版影视，说出影视名、演员名即可实现影视查找，还能语音控制播放进度等；影视频道，卫视频道等 5000 余台随心看，电影，电视随便播。

第六，按下语音键，就可以通过语音功能找应用，查天气、查股票，甚至可以浏览网页，查百科，一键语音查询衣食住行以及生活百科；还可以在线人机互动，相互聊天。

第七，对于老人来说，在熟练使用电子产品享受科技发展带来的便利上，困难和障碍很多，他们盼望操作使用起来能够简单直接。而语音这一便捷的人机交互方式，则帮他们实现了无障碍信息获取。

第八，对于用户来说，随时呼叫即可立即唤醒 2D 或 3D 的产品展示与语音下单购买场景（3D 场景与简播 3D 电视屏配合）。

第九，对于商家来说，可以将自己企业的产品轻松地通过简播 5G 梦想家走进每一个家庭。例如，我们对着 5G 梦想家说："黑大米。"5G 梦想家就会自动打开罗太树先生的黑大米，你只要点确认，这个黑大米就会自动完成下单，你就可以快乐地品尝收到的黑大米了。

简播 5G 梦想家后面是一套"我要买商城"的供应链，它接下来要加入"我要买商城"这个场景。对于简播梦想家的使用操作熟练程度特别重要，因此必须掌握基本功，这样才能够在未来应对各种业务场景时不受限制，自由发挥。

那么究竟怎么使用呢？要掌握下面这些基本功：一是两个演示机的演示，即 3D 屏的演示机和梦想家的演示机，一定要极度地熟悉和使用；二是熟悉并掌握天网、地网和人网的原理；三是坚信"为相信创造价值"并做到这一点；四是每一个合作者都要把简播模式讲解透彻；五是能够解析简播的业务模式图、大数据业务模式图。

真正帮助我们成功的还是基本功，基本功只有在实操中才能掌握。而操作简播 TDR 的说明过程，就是练习这些基本功的过程。当把每一个细节都能落实到位，你会发现拥有基本功的人从来都不会是纸老虎。

简播TDR+视群功能与使用说明

从商业模式的演变来看，第一种商业形态是行商，以前的货郎走街串巷，就属于这种形式。然后发展到有了固定经营场所的坐商形态，诸如集贸市场、门店、专卖店、超市等。随着互联网科技的发展，人们可以通过建立网店来从事商业活动，于是有了电商这种商业形态。电商以后，随着移动互联网浪潮的来袭，人们通过移动方的 APP 来做生意，于是微商出现了，这种形式在过去的几年里成就了很多人。眼下，移动直播来了，很多人通过视频来做生意，于是就有了 5G 视商。目前来看，5G 视商是未来互联网行业中的一个大趋势。抓住这个趋势就意味着把握住了未来前进的方向。

在 5G 视商时代，3D 直播间是企业对外展示及交流的主要载体。事实上，5G 视商可以通过 3D 直播间形成一个有自己属性的群体，我们可以称之为视群。在这方面，简播视频社交电商平台融合了直播、小程序、社群、3D 立体短视频、移动社交电商、线上商城等当前最流行和火爆的工具流，并结合"天地人"三网，打造独属于自己的、具有差异化和唯一性的简播 TDR+ 视群。这是简播 5G 商用的具体体现。

简播 TDR+ 视群功能与使用说明包括三个方面的内容：TDR+ 名片功能说明与操作；TDR+ 商户电脑端使用说明；TDR+ 视群手机端使用说明。下面我们对这三个方面的内容做一个概要介绍。之所以是概要介绍，是因为篇幅等原因仅能展示系统的部分功能；而从另一个意义上讲，更为详细的操作细节其实应该结合使用过程中的相关说明和个人感受去领悟，实操的作用是不容忽视的。

一、TDR+ 名片功能操作手册——TDR 视群名片功能说明

TDR 视群名片功能主要包括编辑名片、名片分享和名片官方模板的编辑三个部分：会员进入小程序，在个人中心对自己的名片进行编辑；名片编辑完成后，可以看到名片基本信息，往下滑即可在高级设置里添加文字、图片、视频，然后可以把名片分享给别人，宣传自己和锁定关系；名片官方模板的编辑显示在名片高级设置中，利用它也可以进行修改和排版。其具体操作过程如下——

编辑名片的操作：①进入小程序，点击"我的"，进入个人中心页面，然后找到"我的名片"，进行编辑。②对名片基本信息进行编辑，填写姓名（必填）、职位、公司名称、手机号、微信号、邮箱、公司地址（输入手动或者输入自动定位）。③基本信息填写完毕后，点击"高级设置"，进入名片高级设置编辑页面。④高级设置可以在名片上填写更多内容，可以上传展示图片以及宣传视频。⑤进行自定义新增板块，输入标题。再选择要添加的内容形式，形式分为文本、图片和视频三种。一个自定义文本框最多编辑 300 字；一个自定义图片框最多可以上传 9 张图片，图片以轮播形式展现；上传视频时长最多 15 分钟。⑥如果你觉得设置排版麻烦，可以点击官方模板，里面是排版好的名片，你只需要进行内容修改即可。⑦编辑完成后，点击"保存高级设置"，然后再点击确认即可保存名片。

名片分享操作：①进入名片页面，点击递名片，进行名片分享。名

片分享有两种方式，一是直接发送到微信，二是生成图片发送。②名片分享出去后，朋友点击进来，可以查看自己的名片，进行收藏和保存到通信录。③收藏的名片在个人中心名片夹查看，保存到通信录的信息在本地通信录查看。④同时可以点击免费制作自己的名片，点击"免费制作"，进入制作自己名片的页面。⑤然后开始编辑自己的名片，具体的操作根据上面的操作流程来编辑即可。

名片官方模板的编辑的操作：①进入当前小程序的企业后台，点击"设置"，然后进入名片设置页面。②进行名片官方模板配置，填入官方模板指定使用的用户ID（这里填写的ID用户，可以对官方模板进行修改和重新设定排版，来供会员使用）。③被指定的用户可以进入小程序个人中心，会多一个名片模板分类，然后可以点击进去，对官方模板进行修改，修改后，点击"保存名片模板"即可。

二、TDR+商户后台说明书——TDR+视群商户版电脑端使用说明

这部分内容包括登录、商品、物流、售后服务、订单列表、我的、门店七个板块。其具体操作过程如下——

登录：①登录网址（从"简播"公众号获取）。②输入账号和密码登录。

商品：①商品添加。点击商品—商品添加，填写商品信息，有红色"*"为必填，最后提交。②商品列表。包括查看所有商品的状态、商品搜索、小程序商城商品展示等操作。

物流：①运费模板说明。运费模板在企业版后台统一设定，如果产品不包邮，可在"商品添加运费模板"选择合适的运费模板，收取运费。②售后服务，其中还有退款审核（更新中）的内容。

订单列表：①订单列表内容包括会员信息、订单详情、金额、仓

库、状态、操作；修改发货地址；发货；订单搜索。②线上团购列表和线下团购列表。若为线下团购订单，用户取货后，商户须手动在后台修改状态。

我的：①视频编辑。包括商户版后台上传小视频；手机端上传小视频；视频下架；手机端删除；展示在小程序首屏设置（如果要显示在手机端首屏，需要在我的—社群编辑—关联视频中设置，在手机端上传的小视频，可以直接展示）。②课程编辑。包括新建课程，填写基础信息；直播类型；单个课堂添加多个课程；展示在小程序首屏设置（如果要显示在手机端首屏，需要在我的—社群编辑—关联视频中设置）；手机端展示。③社群编辑。包括：位置（商户版后台—我的—社群编辑）；编辑（诸如基本信息填写、社群简介、课程详情页简介、关联商品等）。

门店：我的门店包括：填写基本信息；手机端展示。

三、TDR+ 手机操作说明书——TDR+ 视群手机端使用说明

这部分内容包括进入"TDR+"对应的小程序、进入商户个人的视群、首页说明、个人中心、基础功能设置、视群分享六个板块。其具体操作过程如下——

进入"TDR+"对应的小程序：①通过微信进入（通过好友小程序链接或是搜索小程序）。②通过快捷进入方式（已进入过小程序的可以直接去微信对话里面找到"××视群"）。

进入商户个人的视群：①个人中心进入（小程序首页—我的—视群管理—进入到个人的视群）。②首页查找（小程序首页—我的视群栏—找到自己的视群，进入群聊。注意：累计人气值达到 10，可在首页查找到自己的视群）。③身份认证（进入个人中心，找到我的服务—我的视频—开始认证）。

首页说明：①视群首页图。包括视群首页轮播图（点击进入可跳转至推广的 3D 直播间、商品链接或者仅为宣传图）；搜索框（可以进行商品名称搜索、视群搜索）。②商品购买专区。包括商品展示（铜牌专区、银牌专区、金牌专区、钻石专区、视频精选，点击可以购买商品，根据用户不同的身份等级进行分佣）；商品购买，客服咨询（选中商品—点击进入详情页—底部菜单栏—选中客服图标）；店铺主页；商品收藏；加入购物车；商品购买。③我的视群。包括我的视群；可能感兴趣的视群。④导航挂件。包括首页按钮（点击"返回首页"的按钮，在任何界面都可以跳转回小程序首页）；首页小视频（点击视频按钮，返回小视频播放首页）；客服电话按钮（视群首页展示官方客服电话，进入商户个人社群展示商户的客服电话）；购物车按钮（点击购物车按钮，跳转到购物车页面，进行商品付款购买）；个人中心按钮（点击"个人中心"按钮，跳转到个人中心）。

个人中心：①个人信息。包括显示视群号、版本、注册时间、邀请人及邀请人手机号码（点击可拨打）、等级身份；头像、名字与微信同步，每授权一次，信息会自动更新；小程序重新授权（删除小程序时，微信下拉，长按小程序，点击"删除"；重新添加小程序时通过发现—小程序—搜索—××视群路径，进入重新授权）。②我的订单。查看购买的订单的状态、详情，如果是拼团订单，会单独展示。③我的服务。包括：我的收藏；我的关注；编辑地址；我的粉丝；我的佣金；我的拼团；我的名片；名片夹；我的视频（仅对商户开放）；视群管理（仅对商户开放）。

基础功能设置：主要包括图片、视频、爆款、课程、管理、弹幕、推送，等等。

视群分享：3D 直播间分享。方法一是点击聊天组件转发按钮，可直接转发小程序给好友、微信群；可生成商品海报图进行分享。方法二是点击右上角的三个点，进行转发分享。

简播TDR系统训练之群主篇

互联网时代下，企业制胜的关键是拥有粉丝互动大数据，为此要先打赢入口战、互动战和成交战。先来看看这"三大战役"。打赢入口战，重在3D直播间。入口主要在互联网，即线上入口。第一个入口是微信；第二个入口是今日头条、西瓜视频、悟空问答、抖音、懂车帝等今日系；第三个入口就是3D直播间。在5G视商时代，3D直播间格外重要。开个3D直播间，可以直播、点播、卖货，商城可以在上面收广告费，可以收别人给你的打赏，等等。打赢互动战，就要在3D直播间学会互动，比如在3D直播间看了某个直播，觉得对你的朋友有帮助，请立刻分享到朋友圈，分享到你的所有微信群。分享的过程，就是在创造财富的过程。无互动，不直播！打赢成交战是任何营销性宣传行为的终极目的，关键在于成交，如果最后没有成交，那就说明你只是为宣传而宣传，不想达到成交的目的。

要打赢入口战、互动战和成交战这"三大战役"，简播群主不仅要进行天网建设，还要进行地网和人网的建设。天网顾名思义就是粉丝网，我们把互联网定义成天网入口。也就是说，用互联网、移动端、直播、支付、扫码、红包等模式来进行入口流量的建设，让更多人通过互联网走进来并成为粉丝。地网建设顾名思义就是地面的网络，就是把更多的人流吸引到你的公司。人网建设就是指以"人"为要素的网络建设，更多的是在创业市场中寻求代理。"天地人"三网建设都有相应的方式和方法，群主必须掌握这些方式方法。

先来看天网建设——互联网的建设。

现在的互联网时代已经完全从 PC 端走到了手机端，想要抢占客户的市场，就要先抢占客户的大脑；而抢占客户的大脑，就首先要抢占客户的手机；只有抢占了客户的手机，才有机会抢占客户的所有消费习惯以及他们所有的消费时间。所以，抢占客户的手机对我们来讲非常重要。

那么，我们如何在客户的手机上来进行我们的天网建设？首先应该把握住一个"快"字。也就是说，只要把握住"快"的概念，天网组建起来就走对了途径。什么是快？今天这个时代，不再是大鱼吃小鱼的时代，而是快鱼吃慢鱼的时代，如果你的速度稍慢一点，那么你的企业将很快被别人所淘汰，所以我们在建设天网的时候就要把握一个"快"字。为此，我们需要两个方法来做，一是免费，二是裂变。

何谓免费？免费并非一点费用也不收，而是要把人们能看得见的利润去掉，让消费者感觉像免费一样可以走得进来，这样才能够快速地聚集消费者，去"圈人"，在圈人大战的红海中脱颖而出。事实上，许多做天网项目的公司都不乏免费的模式，也是我们常规讲的"烧钱"模式，甚至有的人完全免费。比如杀毒软件中的卡巴斯基、瑞星、金山，以及后来出现了一个 360。360 用免费的模式来进行杀毒，抢占了我们所有用户电脑的桌面，同时也抢占了我们所有人手机的桌面。360 也因此获得了它的用户，实现了商业模式的建设。再如出行领域的滴滴打车、餐饮领域的饿了么等，都在用免费的模式快速圈人，实现了商业模式创新。免费是一个模式，也是我们天网建设的一个模式。

何谓裂变？今天的商业推广时代，已经从投资商业推广变成了消费者主动愿意为之分享，这是时代的转型。分享取代了所有广告的投入，分享取代了一切营销模式，分享时代已经到来了。所以，让你的顾客愿意在他的圈子里面为你分享，实现你的圈子电商，完成你的社群营销，这是天网建设中一个非常重要的方法，即裂变的方法。

实现裂变的方法很简单，就是让消费者感受到每一次为你分享都能够实现价值，这个时候你就可以实现你的裂变。为此，我们在跟消费者产生黏性和互动的时候，一定要考虑好一个问题，就是如何让消费者愿意为你去分享。

让消费者愿意为你去分享，就必须使消费者产生动力。动力分为三种，即情感动力、精神动力和物质动力。情感动力就是让消费者能够在分享过程中和你产生情感的交流；精神动力就是消费者自己愿意为自己的精神状态去买单，愿意去分享；物质动力就是我们经常说的"分享得红包"等。这三种动力无论用好了哪一种，你都可以让消费者快速地为你去分享，而当你用好了消费者快速分享之后，你就用好了裂变。也就是说当你能够把握住裂变，把握住免费，那天网建设也就把握得更快，你的天网建设也就很容易成功。

再来看地网建设——渠道的链接。

渠道的建设非常重要，地网建设需要把握一个字——"稳"，同时它关注两个方向，一个方向是回本机制，另一个方向是赢在起点，起点也是起步。回本和起步是地网建设的两个重要的环节。

何谓回本机制？回本不仅仅是分享回本，还包括投资回本。比如做连锁行业，要想让你连锁店下面的加盟店能够快速地回本，你有什么样的方法呢？在这方面，帮扶是个好办法。这里的帮扶，不仅仅给了加盟店一个品牌，一个营销策划案，而且要帮助加盟店在开业的最短时间内完成它的回本。只有这样，店主们才愿意来加盟，因为他们觉得自己是零风险投资。所以说这种回本机制非常重要，尤其是在地网建设过程中，要找的合作伙伴并不是单纯地给你卖货，合作伙伴是你的合作商，你要帮助他们在地网建设投资过程中快速回本。当你愿意跟合作商站在一起的时候，你就把握住了整个地网建设的大局。

何谓赢在起点？"起步"在地网建设的过程中是非常重要的，对于所有加盟的合作商来说，他们在经营过程中开始做第一个月或第一个季度的时候，是一个非常重要的建立信心的阶段。这时，我们要拿出最大的精力和最大的帮扶之心来帮助他去完成，这是我们必须要做好的一件事。这方面分为两个部分，一是对外的经营，二是对内的管理。在对外经营上，你要思考如何让合作商产生更多的新客户，如何帮助他做每年、每季度、每月、每周这种个别时间的营销策划；在对内管理上，你要帮助合作商做好管理，比如说从他店面的文化到他店面的组织架构，再到他店面的岗位职业、店面的绩效考核、店面的薪酬模式，以及所有店员的晋升等，都要完全帮他去想到。更重要的是，你要因地制宜地帮助合作商制定出一套适合于他自己的能够完全独立地去经营的方法。

现实中，马云、马化腾、刘强东等都在不断地完善他们的地网建设，他们只是希望通过地网建设让更多的人从地网的入口进来以后，慢慢地培养他们天网的消费习惯，从而形成天网、地网的双网合一。线上线下的这种联合，才是商业帝国的真正雏形。

最后来看人网建设——分配机制。

人网建设应该把握一个"狠"字，也就是订立四条狠标准：第一，要让跟随你的人立即赚到钱；第二，要让投资人最快速地回本；第三，要让员工从早上兴奋到晚上不想下班；第四，要让消费者主动追着你买单。第三条主要是在地网上解决，其余三条其实都是在人网上解决的。所以，人网在这里面主要是分配机制，还有对未来的一个规划。

我们说人网建设就是在创业市场中寻求代理，是因为中国的创业市场有大量资金。随着"大众创业，万众创新"的普及，每个人都有一颗创业的心，每个人都想拥有一份自己的事业，所以现在大量的资金又涌向了创业市场。要在创业市场上下功夫，让消费者变成商业合作伙伴，而不仅仅只是一个消费者，这是我们接下来更多的企业家需要去思考的一个问题。在创业市场中寻求代理需要把握两个关键词，第一个叫作分配，第二个叫作未来。

何谓分配？所谓"财散人聚"，只有把财散出去，人才能聚过来。因此，创业市场非常重要的一点就是分配，也就是把看得见的利润分配出去，把看不见的利润赚回来。

何谓未来？人网建设强调未来，就是需要你把企业未来美好的梦想通过你的演讲分享给所有的代理，促使他们参与到创业当中去，愿意把你的商业模式分享给更多的人。事实上，人网建设的过程就是不断地给大家培训、把你的梦想变成所有人的梦想的过程。当所有人一起来完成这个梦想，你的人网建设也就成功了。

简播TDR系统训练之盟主篇

简播的理念是："再小的实体，也是生态！"盟主训练主要讲的是如何应用"天地人"三网原理来建立商业联盟。建立商业联盟的关键是要打造好自己的鱼饵，只有鱼饵才能更好地抛向有效的渠道。

先来看看盟主的鱼饵策略。

在买方市场下，一个实体企业要想经营好，就必须站在消费者的心理感受上来思考"如何来打造一个有效的鱼饵"的问题。打折对于商家和消费者来说都是一个很好的"鱼饵"，因为所有的商家都可以接受适当的打折，而消费者最想要的是多获得，最好是不花钱或少花钱的获得。单品免费模式（全单打折等于单品免费，商家支出成本是一样的）就是打折的一种有效形式，它既能让商家接受，也可以让消费者有一个不一样的营销体验。比如现在流行的营销体验，它其实就是到商业联盟的商家去消费，也就是在指定的商家使用单品储值卡，其消费都是不花一分钱的。

要想更好地打造自己的鱼饵，盟主就必须编就一张商业联盟的大网。如果将这张大网比作"鱼网"，那么盟主就应该是一名出色的"鱼王"，因为只有盟主自己变成了鱼王，才会引来鱼，才不会缺客户。

"鱼"的来源有三个渠道，一是盟主自己的鱼塘渠道。自己鱼塘的客户可以分为四类：老客户、买单客、随客、店外流客。老客户靠什么锁定？靠储值、靠众创；买单客靠什么锁定？靠社群、靠红包、靠储值；随客靠什么锁定？靠社群、靠抽奖；店外流客靠什么锁定？靠活动、靠红包墙。这些都是基本的应用招式，最重要的是你会结合应用，社群红包、扫码红包墙、联盟打印机、储值卡、天天红包、员工分红、储值分红、推广分销、线上商城这些工具，你都要明白它们的应用场景，就能融会贯通地使用了。二是盟主的客户的转介绍。要想做好转介绍就要做好这两步：第一步，凭什么他要给你转介绍？是因为我们给了他实时分红收益。第二步，被转介绍的人为什么要来消费？因为我们给了他大礼包。三是商业联盟或者是团购平台，它们都是非常好的引客平台。

知道了"鱼"在哪里，就要设计好引客方案，打造引客、留客、锁客、客户转介绍的客户自循环体系。在这方面，鱼饵拆分模型是必须掌握的，其设计有以下六个方法，盟主一定要牢牢掌握。

产品拆分：盟主可以把店内的一款产品单独拆分出来做成我们的鱼饵。比如餐饮，我们拆一盘羊肉、牛肉、火锅底料、啤酒等，都可以通过这种形式进行拆分。

空间拆分：盟主可以把实体店铺闲置的空间拆分出来，比如在这些地方放一些儿童活动设置，吸引孩子进店。一个孩子牵引的是一个家庭，通过陪孩子在这里游玩的时间，促进家长对门店产品和服务的了解，进而拉动消费。也可以设置咖啡、茶水、下午茶、洽谈室等，这些都属于送出空间鱼饵。

赠品拆分：每周让转介绍的会员到店领取礼品，同时再次告诉他如何更好地将背后的资源带来本店消费，享受实时分红。赠品拆分要掌握好风控，一要做到消费限制，二要提高消费概率，三要根据手上整合的资源制订不同的方案，以给客户一个更多的选择。

客户拆分：通过拆分某一类特定的客户群体，从而拉动这类客户背后的其他社群属性的消费者进店消费。比如可以拆分孩子群体，还可以拆分不同年龄段的老人群体等。

时间拆分：根据实体企业都有淡时跟旺时、淡季跟旺季的特点，盟主要通过打造鱼饵，更多地把会员聚拢到淡时。比如简播联盟盟主商家可贝尼做了这样的鱼饵：可贝尼儿童乐园，周六日人多，但是周一到周五人很少。所以可贝尼更多地将它的鱼饵抛出到自己周边的盟友商家，把所有的客户全部倒流到周一到周五，通过储值活动，增大自己的消费金额，从而锁定客户的消费频次。

频率拆分：频率拆分就是盟主的大礼包，即通过大礼包，可以构建消费者逐次消费的黏性。要做好频率拆分须把握几个核心的关键因素：一是大礼包产品一定要诱人；二是大礼包要高低间隔开；三是要虚实结合，虚主要是联盟商家提供的鱼饵，实就是客户自己采购的一些产品；四是一定要有明星产品，例如电动车甚至奔驰汽车都可以根据你的业务场景变成明星产品；五是一定要设置一个消费有效期。

再来看看盟主该如何打造联盟鱼饵——跟商户谈商业联盟合作。

如果盟主能熟练操作鱼饵拆分的六大模式，就可以用自己的资源来打造自己的鱼饵。但是，作为盟主，也可以根据客户画像来找到客户需求，进而整合更多的跟盟主需求相匹配的鱼饵，找到跟盟主客户资源相匹配的商家来提供资源，一起打造联盟鱼饵。

打造联盟鱼饵的途径当然是盟主跟商户谈商业联盟合作。谈商业联盟合作的具体谈判步骤：①要时间。比如，给我一分钟时间。②明身份。比如，我是大明宫餐厅的合伙人，我们家有7家店，有近5万的会员。③给大礼。比如，把我的会员导给你，给你的会员现金储值卡大礼包，给分红。④给方案。比如，我们都知道不收钱客人就不会珍惜，所以建议你达到50元消费，加收8元就可以拥有价值3000元的现金储值卡大礼包，并且收上来的8元钱，全部归你。⑤谈加盟。

跟商户谈商业联盟合作是一套联盟导流系统，要求抓住谈判的核心点，也就是要明白商业联盟可以帮助对方解决什么样的问题。因此，盟主在讲述时只需要抓住两个关键，即会员贡献和收益共享。例如下面这段合作方跟商户谈商业联盟的合作的对话——

合作方：你好，张总，我在当地开了一家××店，已经运营了有××年，目前我手上积累的会员数大概有10万名，今天我想来跟您谈谈商业联盟的事，我们把周边的商家联盟起来，这样我们可以形成会员共享，资源共享。这一次，我这边跟您的餐饮店在谈，但是我们也在跟您的同行××在谈（这样说是在提前给他一个警示：搭建商业联盟我势在必行，今天找到你要么成为联盟的一分子，要么隔壁老王来跟我成联盟，让你自己单兵作战）。

张总（商户）：我们如何做到会员共享，收益共享呢？

合作方：如果我们把彼此的会员比喻成鱼的话，会员是不听老板的，同样对鱼来说，鱼只听鱼饵的。我把我的鱼饵抛给你，你的鱼就游到我的店，你把你的鱼饵抛给我，我的会员自然而然游向你的店。美团跟各个联盟商家之间达成合作，让商家降低自己的利润，拿出一款产品做鱼饵，所以"鱼饵打造"这个很容易理解。

（合作方说美团的例子，就是把各种鱼饵大礼包印成单页，让对方直观地看见。其实，鱼饵打造的核心原理是全单打折等于单品免费，比如今天我在你家餐厅消费，我点了某食物总计金额是××元，老板可以接受打折，但我最想要的是不花钱，如果你把一个爆款单品做成引流产品，就形成了超级引流鱼饵——单品储值卡。这就是所谓全单打折等于单品免费。关于鱼饵如何打造就说清楚了，紧接着告诉商户如何完成收益共享。）

合作方：当我们的会员去店里消费的时候，他获得的单品一定不能满足多方面的需求，我赠送了一盘羊肉，来了不能光吃羊肉，他会点除了羊肉以外的其他产品。这些东西产生的消费返5%，你店里的客户来我店消费，我也返你5%。这样就形成了收益上的共享。

在实际操作的过程中，必须结合商户的特性，看看需不需要做到收益共享，因为收益共享属于后端跨界变现的范畴，而当下需要解决的是会员引流，完成引客。如果说引客是雪中送炭，那么收益共享则是锦上添花。不要因为芝麻丢了西瓜，根据商户的反馈程度，灵活判断要不要继续讲，以利于建立联盟的核心目标。总之要清楚知道各行各业可以打造的鱼饵是什么，并记住鱼饵的表现形式等。

跟商户谈合作谈到这里，紧接着就是提联盟服务费的事情了。合作方告诉商户："我已经是联盟商圈的一分子，联盟商圈要想跟商家之间完成连接，就像人与人之间用微信打电话，必须每一个人都有一部手机一个微信号一样，而我目前已经加入联盟，我有了联盟工具。张总如果您也希望加入联盟，形成我们之间的会员共享、收益共享，也建议您购买一个联盟的工具，这个联盟服务费，盟主一年是×××元，可以解决我们会员共享，收益共享的问题。"

合作方根据商户的反应做出应对，如果商户答应，就让商户扫联盟二维码，完成服务费的缴纳；如果商户迟疑，就可以告诉商户："你们在做传统营销引客的时候，是不是每年要印刷大量的宣传物料，这些营销物料对商户来说是有营销成本的，这一年下来大概需要花费多少钱？而在市场上进行宣传推广的时候也需要有专门的工作人员，这些人员的工资一年需要花费多少钱？今天有了这个联盟系统，一方面解决了最核心的引客问题，最重要的是让我们可以做到无纸化引客，张总，您加入了联盟会拥有更多的资源，完成异业之间深层次的合作。"

事实上，不是所有商户都会成为你的盟主或店主，盟主应该从心态、格局、拥抱新事物的程度、愿不愿意去尝试去体验等多个方面来考量商

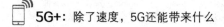
户，以找到更多优秀的、同频的、和自己一样的合作者。

以上的所有落地过程，使用简播在 4G 时代是可以使用系统化来实现的，但是 AI 等应用场景存在着许多网速等因素造成的瓶颈。随着 5G 时代的到来，对于实体企业来说，这一切的 AT 应用行为都在高网速与云计算支持下进行，这样，每一个实体建立自己的 AI 数据中心、建成实时的大数据生态将成为现实。

5G 时代，实体企业借助 5G 的数据高速通道，打赢引流—成交—裂变三大战役，轻松地实现业绩倍增，这一切都将在简播中成为现实！愿我们一起做好准备，共同实现 5G 时代下"振兴实体，强我中华"的伟大梦想。

参考文献

1. 广东省工业和信息化厅:《广东省培育电子信息等五大世界级先进制造业集群实施方案（2019—2022年）》，2019年4月16日发布。

2. 国际自然保护同盟:《世界自然资源保护大纲》，1980年3月5日发表。

3. 中共中央、国务院:《生态文明体制改革总体方案》，2015年9月21日印发。

4. 大唐移动:《5G业务应用白皮书》，2018年6月27日发布。

5. 赛迪顾问:《2018年中国5G产业与应用发展白皮书》，2018年5月15日发布。

6. 北京市经济和信息化局:《北京市智能网联汽车创新发展行动方案（2019—2022年）》，2018年12月20日印发。

7. 上海市经济信息化委员会:《上海市智能网联汽车产业创新工程实施方案》，2017年2月4日转发。

8. 深圳市交通运输委、深圳市发展改革委、深圳市经贸信息委、深圳市公安交警局:《深圳市关于贯彻落实智能网联汽车道路测试管理规范（试行）的实施意见》，2018年5月22日联合发布。

9. 深圳市交通运输委、深圳市发展改革委、深圳市经贸信息委、深圳市公安交警局:《深圳市智能网联汽车道路测试开放道路技术要求（试行）》，2018年10月26日联合印发。

10. 深圳市交通运输委：《深圳市智能网联汽车道路测试首批开放道路目录》，2018年10月30日公布。

11. 河南省发改委、河南移动：《推动河南5G规模组网及应用示范发展战略合作协议》，2018年5月15日联合签署。

12. 南方电网、中国移动、华为：《5G助力智能电网应用白皮书》，2018年6月27日联合发布。

13. 甘肃省天水市与中国电信甘肃公司、甘肃省金昌市与中国电信甘肃公司：《5G新型智慧城市战略合作协议》，2019年二三月间分别签署。

14. 湖北三环智能科技有限公司、武汉联合发展港有限公司、联通智网科技有限公司：《智慧港口合作框架协议》，2018年10月22日签署。

15. 华为、Analysys Mason：《5G释放数字化机遇白皮书》，2018年10月19日共同发布。

16. 资料其他来源：36氪、红商网、FT中文网、梅花网、虎嗅网、百度等网站最新资讯。